AF452217

RÉSOLUTION

DES

QUESTIONS RELATIVES A L'ÉPREUVE PRATIQUE

d'après

le Programme officiel du 20 avril 1853.

PARIS. — IMPRIMÉ PAR E. THUNOT ET Cᵉ,
rue Racine, 26, près de l'Odéon.

LICENCE ÈS SCIENCES MATHÉMATIQUES.

RÉSOLUTION

DES

QUESTIONS RELATIVES A L'ÉPREUVE PRATIQUE

D'APRÈS

LE PROGRAMME OFFICIEL DU 20 AVRIL 1853;

PAR E. REYNAUD,

ANCIEN ÉLÈVE DE L'ÉCOLE POLYTECHNIQUE.

PARIS.

VICTOR DALMONT, ÉDITEUR,

Successeur de Carilian-Gœury et Vve Dalmont,

LIBRAIRE DES CORPS IMPÉRIAUX DES PONTS ET CHAUSSÉES ET DES MINES,

Quai des Augustins, n° 49.

1855

En offrant aux jeunes gens qui se préparent dans nos Facultés aux épreuves difficiles de la licence ès sciences mathématiques, la résolution des questions pratiques comprises dans le programme, notre but n'a pas été de leur tracer des tableaux de calculs, où il leur pût suffire de changer les chiffres. Persuadé que l'habitude du calcul ne peut s'acquérir que par une longue pratique, et non par des règles toujours incomplètes ou mal comprises, nous avons voulu simplement résumer en quelques pages les formules de résolution de ces questions et les théories qui servent à les établir, en indiquant les diverses transformations qu'elles doivent subir pour devenir propres aux applications numériques.

Puissions-nous, en résumant ainsi en un seul volume des questions prises dans les parties les plus difficiles du programme si vaste de la licence ès sciences, être réellement utile aux candidats et leur faciliter des travaux préparatoires toujours pénibles qui exigent de longues recherches et font ainsi perdre un temps précieux pour l'étude ! Une seule des questions du programme n'a pas été résolue ici, c'est celle qui est relative au calcul de la force maximum de la presse hydraulique, l'énoncé de ce problème étant trop vague pour se prêter à une interprétation satisfaisante. Nous devons ajouter, du reste, que telle est l'opi-

nion des juges mêmes de la licence que nous avons con-
sultés.

Nous avons cru aussi devoir nous en tenir à la première
partie du programme relative aux épreuves pratiques, la
seconde partie étant essentiellement mécanique et ne se
composant, en quelque sorte, que de manipulations, qui ne
peuvent s'apprendre que par le maniement usuel des instru-
ments et par une série continue de dessins graphiques.

E. REYNAUD.

EXTRAIT DE PROGRAMME

DE LA LICENCE ÈS SCIENCES MATHÉMATIQUES,

Prescrit par arrêté ministériel du 20 avril 1853.

Questions pratiques.

RÉSOLUTION

DES

QUESTIONS RELATIVES A L'ÉPREUVE PRATIQUE

d'après

le Programme officiel du 20 mars 1853.

---

1. Détermination d'une annuité.

On appelle annuité une somme fixe que l'on s'engage à payer annuellement pour éteindre une dette dans un temps donné. La quotité de l'annuité doit être déterminée de telle façon que, augmentée de ses intérêts composés pendant le nombre d'années qu'il reste à courir jusqu'à l'expiration du billet, elle reproduise intégralement le capital de la dette augmenté de ses intérêts composés pendant le temps total.

Soient donc c le capital emprunté, a la quotité inconnue de l'annuité, n le nombre des annuités et i l'intérêt d'un franc pendant un an. La première annuité étant versée un an après, l'emprunt restera par cela même placé à intérêt composé pendant $(n-1)$ années et vaudra à l'instant du dernier payement $a(1+i)^{n-1}$; la deuxième annuité ne vaudra, elle, au même jour, que $a(1+i)^{n-2}$, la troisième que $a(1+i)^{n-3}$....., l'avant dernière que $a(1+i)$, et enfin la dernière simplement a. Mais pendant n années, le capital c, eu égard aux intérêts des intérêts, sera devenu $c(1+i)^n$. Donc, d'après ce qui précède, on doit avoir :

$$a(1+i)^{n-1} + a(1+i)^{n-2} + \ldots a(1+i) + a = c(1+i)^n,$$

ou bien encore :

$$a.\frac{(1+i)^n - 1}{i} = c(1+i)^n ;$$

d'où :

$$a = \frac{c.i.(1+i)^n}{(1+i)^n - 1},$$

formule calculable par logarithme.

***

2. Calcul du logarithme d'un nombre (*emploi des séries*).

Cette question revient à trouver une série qui puisse donner le logarithme d'un nombre entier quelconque connaissant ceux des nombres qui le précèdent. En développant, d'après la série de Taylor, le logarithme népérien de $(1+x)$, on a la suite :

$$\log.(1+x) = x - \frac{x^2}{2} + \frac{x^3}{3} - \frac{x^4}{4} + \ldots \quad (1)$$

Cette série n'est convergente qu'autant que x est plus petit que l'unité en valeur absolue; cependant si $x = +1$, sa convergence subsiste, puisque ses termes sont alternativement positifs et négatifs; mais si $x = -1$, elle devient divergente et sa limite est $-\infty$, ce qui prouve que $\log.0 = -\infty$.

En changeant x en $(-x)$ dans l'équation (1), on obtient :

$$\log.(1-x) = -x - \frac{x^2}{2} - \frac{x^3}{3} - \frac{x^4}{4} - \ldots \quad (2),$$

et en retranchant (2) de (1), il vient :

$$\log.(1+x)-\log.(1-x)$$

$$\text{ou} \qquad \log.\left(\frac{1+x}{1-x}\right)=2\left(x+\frac{x^3}{3}+\frac{x^5}{5}+\ldots\right).$$

Si l'on pose

$$\frac{1+x}{1-x}=\frac{n+y}{n}, \quad \text{d'où} \quad x=\frac{y}{2n+y},$$

la série deviendra :

$$\log.(n+y)-\log.(n)=2\left(\frac{y}{2n+y}+\frac{y^3}{3(2n+y)^3}+\frac{y^5}{5(2n+y)^5}+\ldots\right)$$

série qui donne log. $(n+y)$ quand on connaît log. (n). Si dans cette formule on fait $y=1$, elle devient :

$$\log.(n+1)=\log.n+2\left(\frac{1}{2n+1}+\frac{1}{3(2n+1)^3}+\ldots\right)(3)$$

série suffisamment convergente.

On obtient ainsi les logarithmes népériens ; pour passer aux logarithmes des nombres dans un système quelconque, il suffira de multiplier les premiers par le *module* du nouveau système. Dans le cas des logarithmes vulgaires, dont la base est 10, le module est $\dfrac{1}{\log.10}$, quantité qu'il faut déterminer. Or si dans la formule générale (3) on fait $n=1$, on obtiendra log. 2 qui, ajouté à lui-même, donnera log. 4, duquel on déduira log. 5 à l'aide de (3). Ce dernier log. 5, ajouté à log. 2, fournira log. 10 ; et enfin en divisant l'unité par ce dernier logarithme, on aura la valeur cherchée du module $\dfrac{1}{\log.10}$.

Il reste maintenant à déterminer les conditions à remplir pour obtenir une approximation déterminée.

La première question qui se présente est celle-ci : combien faut-il prendre de termes de la série ? En supposant qu'on veuille calculer les logarithmes avec 7 décimales, on a :

$$\varepsilon < \frac{1}{10^7}.$$

Mais l'erreur commise sera multipliée par 2 et s'ajoutera en outre avec l'erreur commise sur log. n ; il faut donc prendre au moins :

$$\varepsilon < \frac{1}{10^7 . 4};$$

on prendra :

$$\varepsilon < \frac{1}{10^8}.$$

Soit $(p-1)$ le degré du terme auquel on s'arrête, le reste de la série sera :

$$\varepsilon = \frac{1}{p+1}\left(\frac{1}{2n+1}\right)^{p+1} + \frac{1}{(p+3)}\left(\frac{1}{2n+1}\right)^{p+3} + \frac{1}{p+5}\left(\frac{1}{2n+1}\right)^{p+5} + \ldots$$

$$< \frac{1}{p+1}\left(\frac{1}{2n+1}\right)^{p+1}\left[1 + \left(\frac{1}{2n+1}\right)^2 + \left(\frac{1}{2n+1}\right)^4 + \ldots\right]$$

$$< \frac{1}{p+1}\left(\frac{1}{2n+1}\right)^{p+1} \cdot \frac{1}{1-\left(\frac{1}{2n+1}\right)^2},$$

ou enfin :

$$< \frac{1}{p+1} \cdot \frac{1}{[(2n+1)^2 - 1](2n+1)^{p-1}};$$

il faut donc que l'on ait :

$$\frac{1}{p+1} \cdot \frac{1}{\{(2n+1)^2 - 1\}(2n+1)^{p-1}} < \frac{1}{10^8},$$

inégalité que l'on résoudra par tâtonnement en substituant successivement à p des nombres différents d'une unité jusqu'à ce que l'on arrive à satisfaire à l'inégalité.

Chacun des termes de la série sera en général une fraction périodique; combien devra-t-on prendre de chiffres décimaux pour obtenir l'approximation demandée?

L'erreur commise sur le résultat doit être plus petite que $\dfrac{1}{10^7}$; mais les erreurs commises sur les différents termes, s'ajoutant entre elles, l'erreur totale du résultat peut être égale à la somme des erreurs partielles; si donc le nombre des termes à employer est plus petit que 10, ce qui arrivera en général, il faudra prendre des quotients à moins de $\dfrac{1}{10^7.10}$ ou $\dfrac{1}{10^8}$. Et à cause du facteur 2 qui précède la somme des termes, il sera nécessaire de les approcher à $\dfrac{1}{2.10^8}$.

Si l'on voulait former une table de logarithmes, on ne calculerait directement que les logarithmes des nombres premiers et on en déduirait les autres par addition; il y aurait alors à tenir compte des erreurs qui s'ajoutent, et il faudrait prendre pour les premiers logarithmes une approximation plus élevée.

Quand on veut passer des logarithmes népériens aux logarithmes vulgaires, il faut aussi considérer l'erreur résultant dans la multiplication de ce que les deux facteurs sont seulement approchés. Or on sait que dans ce cas si α est le nombre des chiffres de la partie entière du multiplicande et β celui du multiplicateur, K le nombre de décimales que l'on veut avoir exactes, il faut prendre le multiplicande avec $(\beta + K + 1)$ décimales et le multiplicateur avec $(\alpha + K + 1)$.

α et β étant considérés comme négatifs, s'il n'y a pas de partie entière dans les deux facteurs et représentant alors le nombre de zéros qui précèdent la partie décimale après la virgule, or on a ici :

$$\alpha = 1 , \qquad \beta = 1 , \qquad K = 7.$$

Il faudra donc prendre dans les deux facteurs 9 chiffres décimaux.

---

3. Calcul du rapport de la circonférence au diamètre (*emploi des séries*).

Si l'on développe, d'après la formule de Taylor, un arc donné par l'une de ses lignes trigonométriques, on obtient une formule qui permet de calculer facilement avec une approximation donnée une partie aliquote de π.

Soit, par exemple, arc tg. x, on a :

$$\text{arc.tg. } x = x - \frac{x^3}{3} + \frac{x^5}{5} - \dots \qquad (1)$$

Cette série est convergente pour $x < 1$ et pour $x = 1$; dans cette dernière hypothèse, on obtient :

$$\text{arc.45}^{\circ} \quad \text{ou} \quad \frac{\pi}{4} = 1 - \frac{1}{3} + \frac{1}{5} - \dots$$

Mais cette série n'est pas assez convergente pour être employée ; il en serait de même de celles que fournissent les arcs sinus, cosinus, etc.

Le géomètre Machin a donné pour ce calcul une expression très-convergente, savoir :

$$\frac{\pi}{4} = 4 \text{ arc.tg.} \frac{1}{5} - \text{arc.tg.} \frac{1}{239}.$$

On sait que, étant donnée tg. a on a : tg. $4a = \dfrac{4\,\text{tg.}\,a - 4\,\text{tg.}^3 a}{1 - 6\,\text{tg.}^2 a + \text{tg.}^4 a}$; si dans cette formule on fait tg. $a = \dfrac{1}{5}$,

il vient tg. $4a = 1 + \dfrac{1}{119}$; or tg. $\dfrac{\pi}{4} = 1$; donc tg. $\dfrac{\pi}{4}$ est

plus petit que tg. $4a$; en posant $\dfrac{\pi}{4} = 4a - \alpha$, on obtient :

$$\text{tg.}\,\alpha = \frac{\text{tg.}\,4a - \text{tg.}\,\dfrac{\pi}{4}}{1 + \text{tg.}\,4a \cdot \text{tg.}\,\dfrac{\pi}{4}} = \frac{1}{239}.$$

Donc on a :

$$\frac{\pi}{4} = \text{arc. tg.} \frac{1}{5} - \text{arc. tg.} \frac{1}{239},$$

ou d'après la relation (1) :

$$\frac{\pi}{4} = 4\left(\frac{1}{5} - \frac{1}{3.5^3} + \frac{1}{5.5^5} - \cdots\right) - \left(\frac{1}{239} - \frac{1}{3.(239)^3} + \frac{1}{5.(239)^5} - \cdots\right).$$

Telle est la série de Machin.

La discussion des approximations est toute semblable à celle de la question précédente pour déterminer le nombre de termes à employer ou mettre le reste sous la forme :

$$\varepsilon = \frac{1}{p+1} \cdot x^{p+1} + \frac{1}{p+3} \cdot x^{p+3} + \frac{1}{p+5} \cdot x^{p+5} \cdots$$

$$< \frac{1}{p+1} x^{p+1}(1 + x^2 + x^4 + \cdots)$$

$$< \frac{1}{p+1} \cdot \frac{x^{p+1}}{1 - x^2}.$$

Et si l'on veut avoir $\varepsilon < \dfrac{1}{10^n}$, on posera :

$$\frac{1}{p+1} \cdot \frac{\left(\dfrac{1}{3}\right)^{p+1}}{1-\left(\dfrac{1}{3}\right)^2} < \frac{1}{10^n \cdot 4} \quad\text{ou}\quad < \frac{1}{10^{n+1}},$$

pour la première partie de la série (1) ; quant à la seconde partie, il suffira de poser :

$$\frac{1}{p+1} \; \frac{\left(\dfrac{1}{239}\right)^{p+1}}{1-\left(\dfrac{1}{239}\right)^2} < \frac{1}{10^n}.$$

Comme les deux séries qui composent la formule (1) sont affectées de signes contraires, les deux erreurs commises ne pourront jamais s'ajouter.

De même que dans le cas précédent, on pourra aisément déterminer le nombre de chiffres décimaux à prendre dans le calcul des différents termes.

---

4. **Calculer une racine réelle et incommensurable d'une équation algébrique du troisième degré par la méthode des différences.**

Étant donnée une suite de quantités :

$$u_0, \; u_1, \; u_2, \; \ldots\ldots\ldots \; u_{n-1}, \; u_n.$$

On appelle différence de u_0 la quantité $u_1 - u_0$, et on la représente par

$$u_1 - u_0 = \Delta u_0$$
$$u_2 - u_1 = \Delta u_1$$

de même :

$$u_3 - u_2 = \Delta u_2$$

$$\cdot \quad \cdot \quad \cdot$$
$$\cdot \quad \cdot \quad \cdot$$
$$\cdot \quad \cdot \quad \cdot$$

Si l'on traite de la même manière ces différences, Δu_0, Δu_1..... on obtiendra les différences secondes :

$$\Delta u_1 - \Delta u_0 = \Delta^2 u_0$$
$$\Delta u_2 - \Delta u_1 = \Delta^2 u_1$$

$$\cdot \quad \cdot \quad \cdot$$
$$\cdot \quad \cdot \quad \cdot$$
$$\cdot \quad \cdot \quad \cdot$$

On aurait de même les différences troisièmes :

$$\Delta^2 u_1 - \Delta^2 u_0 = \Delta^3 u_0$$

$$\cdot \quad \cdot \quad \cdot$$
$$\cdot \quad \cdot \quad \cdot$$
$$\cdot \quad \cdot \quad \cdot$$

et ainsi de suite.

Si u_0 est une fonction algébrique entière, et u_1, u_2..... divers états de cette fonction correspondants à différentes valeurs de la variable rangées par ordre de grandeur croissante ou décroissante, la suite des différences sera limitée comme on le verra plus loin, et si le degré de la fonction est m, la différence de l'ordre m sera constante et toutes les suivantes nulles.

Il résulte des définitions données plus haut que, si l'on connaissait u_0 et ses différences successives jusqu'à celle qui est constante, on pourrait facilement calculer, par de simples additions ou soustractions, u_1 et ses différences successives, et étendre par conséquent le tableau aussi loin qu'on le voudrait.

Il sera donc permis d'utiliser cette méthode pour avoir

les résultats de la substitution d'une foule de nombres équidistants dans le premier nombre d'une équation algébrique, afin d'opérer la séparation des racines par les changements de signes de ces résultats. Pour arriver à ce but, il est bon de chercher d'abord les formules propres à donner les différences d'une fonction algébrique.

Soit :

$$f(x) = 0$$

l'équation donnée. En faisant varier x par accroissements égaux à h, on aura, d'après la série de Taylor, si $f(x) = u_0$:

$$\Delta u_0 = f(x+h) - f(x) = hf'(x) + \frac{h^2}{1.2}f''(x) + \frac{h^3}{1.2.3}f'''(x) + \dots$$

Pour avoir Δu_1, il suffit de changer x en $x+h$, d'où :

$$\Delta u_1 = f(x+2h) - f(x+h) = hf'(x+h) +$$
$$\frac{h^2}{1.2}f''(x+h) + \frac{h^3}{1.2.3}f'''(x+h) + \dots$$

On aura donc :

$$\Delta^2 u_0 = h\left\{ f'(x+h) - f'(x) \right\} + \frac{h^2}{1.2}\{f''(x+h) -$$
$$f''(x)\} + \frac{h^3}{1.2.3}\{f'''(x+h) - f'''(x)\} + \dots$$
$$= h^2 f''(x) + \frac{h^3}{1.2}f'''(x) + \frac{h^4}{1.2.3}f^{\text{iv}}(x) + \dots \left.\right\}$$
$$\left. + \frac{h^3}{1.2}f'''(x) + \frac{h^4}{1.2.3}f^{\text{iv}}(x) + \dots \right\} =$$
$$= h^2 f''(x) + h^3 f'''(x) + \dots\dots\dots\dots\dots$$

et par suite, en changeant x en $x+h$, il vient :

$$\Delta^2 u_1 = h^2 f''(x+h) + h^3 f'''(x+h) + \dots\dots$$

d'où :

$$\Delta^2 u_0 = h^2 \left\{ f''(x+h) - f''(x) \right\} + h^3 \left\{ f'''(x+h) - f'''(x) \right\} + \ldots$$
$$= h^3 f'''(x) + \ldots$$

On voit que l'ordre de la différence est toujours le même que celui de la dérivée de l'ordre le moins élevé qui y entre. Or si la fonction est algébrique et entière du degré m, la dérivée de l'ordre m sera constante et les suivantes nulles ; il en sera donc de même des différences.

Il suit de là que, pour une fonction algébrique du troisième degré, les différences seront données par les formules :

$$\Delta u_0 = hf'(x) + \frac{h^2}{1.2} f''(x) + \frac{h^3}{1.2.3} f'''(x),$$
$$\Delta^2 u_0 = h^2 f''(x) + h^3 f'''(x),$$
$$\Delta^3 u_0 = h^3 f'''(x).$$

On pourra de même calculer aisément $u_1, u_2, u_3 \ldots$ car on aura :

$$\begin{aligned} u_1 &= u_0 + \Delta u_0 & u_{-1} &= u_0 - \Delta u_0 \\ \Delta u_1 &= \Delta u_0 + \Delta^2 u_0 & \Delta u_{-1} &= \Delta u_0 - \Delta u_0 \\ \Delta^2 u_1 &= \Delta^2 u_0 + \Delta^3 u_0 & \Delta^2 u_{-1} &= \Delta^2 u_0 - \Delta^3 u_0 \\ \Delta^3 u_1 &= \Delta^3 u_0 = \text{constante.} & \Delta^3 u_{-1} &= \Delta^3 u_0 = \text{constante.} \end{aligned}$$

Il est souvent plus simple, pour avoir les différences premières, d'effectuer directement les substitutions de trois nombres simples tels que $-1, 0, +1$, dans $f(x)$ et d'en déduire les différences correspondantes ; on a ainsi :

$$\left. \begin{aligned} u_0 &= f(-1) \\ u_1 &= f(0) \\ u_2 &= f(+1) \end{aligned} \right\} \quad \text{d'où} \quad \left\{ \begin{aligned} \Delta u_0 &= f(0) - f(-1) \\ \Delta u_1 &= f(+1) - f(0) \end{aligned} \right.$$

d'où :
$$\Delta^2 u_0 = f(+1) - 2f(0) + f(-1).$$

Quant à $\Delta^3 u_0$, on l'obtiendra facilement, puisqu'il est constant et égal à :

$$1 \cdot 2 \cdot 3 \cdot A,$$

A étant le coefficient du premier terme de $f(x)$.

En faisant dans les formules ci-dessus $h = 1$, on aura les différences correspondantes à la substitution de nombres équidistants d'une unité; on obtiendra donc les racines de l'équation à moins d'une unité près, pourvu toutefois qu'il n'y ait pas deux racines comprises entre deux valeurs de x distantes d'une unité. Dans ce cas, la méthode n'indique rien encore; mais en général, on peut, soit par la règle de Descartes, soit par la considération des courbes, arriver à reconnaître l'existence de ces racines entre deux valeurs déterminées de x, et alors on les sépare par la substitution de nombres équidistants de 0,1. Cette substitution se fait encore par la méthode des différences. On pourrait calculer ces différences respectives au moyen des formules générales en y faisant $h = 0,1$, mais il est plus simple de se servir des différences déjà calculées.

Pour cela, faisons $h = \dfrac{h'}{10}$, il vient :

$$\delta u_0 = \frac{h'}{10} f'(x) + \frac{h'^2}{100} f''(x) + \frac{h'^3}{1000} f'''(x),$$

$$\delta^2 u_0 = \frac{h'^2}{100} f''(x) + \frac{h'^3}{1000} f'''(x),$$

$$\delta^2 u_0 = \frac{h'^3}{1000} f'''(x),$$

ou en introduisant les premières différences :

$$\delta u_0 = \frac{\Delta u_0}{10} - h'^2 \left(\frac{1}{10} - \frac{1}{100} \right) \frac{f''(x)}{1.2} - h'^3 \left(\frac{1}{10} - \frac{1}{1000} \right) \frac{f'''(x)}{1.2.3},$$

$$\delta^2 u_0 = \frac{\Delta^2 u_0}{100} - h'^3 \left(\frac{1}{100} - \frac{1}{1000} \right) f'''(x),$$

$$\delta^3 u_0 = \frac{\Delta^3 u_0}{1000},$$

ou bien enfin, toutes simplifications faites :

$$\delta u_0 = \frac{\Delta u_0}{10} - 0,09 \frac{h'^2}{1.2} f''(x) - 0,099 \frac{h'^3}{1.2.3} f'''(x),$$

$$\delta^2 u_0 = \frac{\Delta^2 u_0}{100} - 0,009 \frac{h'^3}{1.2.3} f'''(x),$$

$$\delta^3 u_0 = \frac{\Delta^3 u_0}{1000}.$$

Au moyen de ces formules, on approchera facilement les racines à moins de 0,1, et en y remplaçant Δ par δ, on aura d'autres expressions qui permettront pour les racines une approximation à moins de 0,01. Arrivé à ce point, on pourra continuer l'approximation par la méthode de Newton, qui, par une simple division, donne, dans les cas où elle est applicable, un nombre de décimales double de celui qui est déjà connu.

Il est bon, avant d'appliquer la méthode des différences, de déterminer les limites des racines : cependant cette méthode peut y conduire d'elle-même, car on voit sans peine, quand les signes des différences sont tels, qu'il ne peut plus y avoir de variation dans celui de la variable.

Les équations sont dans la question proposée de degré impair; on aura donc toujours pour elles une racine réelle de signe contraire à son dernier terme; mais les deux autres peuvent être imaginaires, et c'est ce que n'indiquera pas la méthode des différences; il faut alors tâcher de s'en assurer autrement, ce qui n'offre aucune difficulté.

----

5. Recherche d'une racine réelle d'une équation transcendante par la méthode des différences.

Cette question se traite de la même manière que la précédente : on commence par calculer les différences correspondantes à un état donné de la fonction, soit au moyen des formules générales, soit par des substitutions directes. Toutefois, il faut observer ici que l'on n'arrivera jamais à des différences constantes; mais en se basant sur l'approximation que l'on veut avoir, on déterminera l'ordre de différences tel que celles-ci seront assez petites pour être, dans la question donnée, considérées comme nulles, les précédentes étant par conséquent supposées constantes, et on opérera une suite de calculs semblables à ceux que l'on a indiqués dans le problème précédent.

Ainsi, si l'on avait à résoudre l'équation transcendante :

$$u_0 = l.(x),$$

on aura :

$$u_1 = l(x+h) = l(x) + l\left(1 + \frac{h}{x}\right)$$
$$= l(x) + M\left\{\frac{h}{x} - \frac{h^2}{2x^2} + \frac{h^3}{3x^3} \ldots\ldots\right\}$$

d'où l'on tirera u_2, u_3…… en remplaçant h par $2h$, $3h$…… et les formules générales donneront :

$$\Delta u_0 = M\left\{\frac{h}{x} - \frac{1}{2}\cdot\frac{h^2}{x^2} + \frac{1}{3}\frac{h^3}{3} - \ldots\right\}$$
$$\Delta^2 u_0 = -M\left\{\frac{h^2}{x^2} - 2\cdot\frac{h^3}{x^3} + \ldots\ldots\ldots\ldots\right\}$$
$$\Delta^3 u_0 = M\left\{2\cdot\frac{h^3}{x^3} - \ldots\ldots\ldots\ldots\ldots\right\}$$

On poussera ces suites, selon la grandeur du nombre x, jusqu'à ce que la dernière différence soit assez petite pour être négligée sans erreur sensible.

Si l'on avait, par exemple, $x = 10000$ et $h = 1$, on trouverait pour les logarithmes ordinaires :

$$\Delta u = 0,00004 \ 34272 \ 76863,$$
$$\Delta^2 u = 0,00000 \ 00043 \ 42076,$$
$$\Delta^3 u = 0,00000 \ 00000 \ 00868,$$

et ne prenant que dix décimales, on pourrait longtemps négliger $\Delta^3 u$ sans erreur.

---

6. Une courbe du second degré étant représentée par une équation en coordonnées rectilignes, déterminer la position de nouveaux axes propres a donner a l'équation de la courbe une forme déterminée.

La question proposée se réduit à un simple changement de coordonnées. L'équation de la courbe est donnée sous une certaine forme, et on demande de changer cette forme en une autre spécifiée par l'énoncé du problème. Pour cela, il suffit de transformer les axes de coordonnées, soit en déplaçant l'origine, soit en changeant leur direction, avec ou sans modification de l'angle qu'ils faisaient primitivement entre eux ; on reconnaît même facilement dans chaque question laquelle de ces transformations doit être employée, et s'il est nécessaire d'avoir recours à toutes ces modifications. Le déplacement d'origine de coordonnées sert généralement à faire évanouir dans une équation du deuxième degré les termes du premier ordre, ou le terme tout connu, ou à les introduire s'ils sont nécessaires. On emploie dans ce but les formules :

$$x = x' + a,$$
$$y = y' + b,$$

et après la substitution, on égale à zéro les termes que l'on veut faire disparaître, ce que l'on peut opérer à cause des indéterminées a et b.

On peut, par cette transformation, ramener les équations de l'ellipse et de l'hyperbole à la forme :

$$M x^2 + N xy + P y^2 = Q,$$

ou celle des trois courbes à la forme :

$$M x^2 + P xy + N y^2 = R x \text{ ou } S y.$$

La rotation des axes sert le plus ordinairement à faire disparaître le rectangle des coordonnées. Les formules les plus générales qui conviennent en ce cas sont :

$$x = \frac{x' \sin.(\theta - \alpha) + y' \sin.(\theta - \alpha')}{\sin.\theta},$$

$$y = \frac{x' \sin.\alpha + y' \sin.\alpha'}{\sin.\theta}.$$

θ étant l'angle des axes primitifs, α et α' les inclinaisons des nouveaux axes par rapport à l'axe des x de l'ancien système. Ces formules se simplifient si l'un des systèmes d'axes coordonnés est rectangulaire; si le système primitif est dans ce cas, elles deviennent :

$$x = x' \cos.\alpha + y' \cos.\alpha'.$$
$$y = x' \sin.\alpha + y' \sin.\alpha'.$$

Dans le cas où les axes du nouveau système seraient rectangulaires, les formules de transformation sont :

$$x = \frac{x' \sin.(\theta - \alpha) - y' \cos.(\theta - \alpha)}{\sin.\theta},$$

$$y = \frac{x' \sin.\alpha + y \sin.\alpha}{\sin.\theta}.$$

Si les deux systèmes d'axes coordonnés étaient simultanément rectangulaires, on aurait :

$$x = x' \cos.\alpha - y' \sin.\alpha,$$
$$y = x' \sin.\alpha + y' \cos.\alpha.$$

Au moyen de ces relations, on peut donner aux équations de l'ellipse et de l'hyperbole les formes :

$$Mx^2 + Ny^2 + Px + Qy = R.$$

et à celle de la parabole la forme :

$$Mx^2 + Px + Qy = S.$$

En combinant les deux transformations de changement d'origine et d'axes, on peut écrire pour les équations de l'ellipse et de l'hyperbole :

$$Mx^2 \pm Ny^2 = +P,$$

et pour les trois courbes du second degré :

$$y^2 = px + qx^2 ;$$

$q = 0$ pour la parabole,
$q < 0$ pour l'ellipse,
$q > 0$ pour l'hyperbole.

Il est aussi possible de changer d'origine et de direction d'axes à la fois, en se servant des relations ci-après :

$$x = a + \frac{x' \sin.(\theta - \alpha) + y' \sin.(\theta - \alpha')}{\sin.\theta},$$
$$y = b + \frac{x' \sin.\alpha + y' \sin.\alpha'}{\sin.\theta} ;$$

mais il est, la plupart du temps, préférable d'effectuer isolément les deux transformations l'une après l'autre; en

— 18 —

effet, pour l'ellipse et l'hyperbole, il y a avantage à changer d'abord l'origine des coordonnées, tandis que pour la parabole c'est le contraire, il faut commencer par la rotation des axes.

————

7. Connaissant deux diamètres conjugués d'une ellipse et leur inclinaison, trouver la position des axes et leur grandeur.

Soient $2a'$, $2b'$ les deux diamètres conjugués donnés, θ leur inclinaison, $2a$ et $2b$ les deux axes inconnus, on aura, par deux relations connues :

$$a^2 + b^2 = a'^2 + b'^2,$$
$$ab = a'b'\sin.\theta;$$

d'où l'on tire aisément :

$$a = \frac{1}{2}\left[\sqrt{a'^2 + b'^2 + 2a'b'\sin.\theta} + \sqrt{a'^2 + b'^2 - 2a'b'\sin.\theta}\right],$$

$$b = \frac{1}{2}\left[\sqrt{a'^2 + b'^2 + 2a'b'\sin.\theta} - \sqrt{a'^2 + b'^2 - 2a'b'\sin.\theta}\right].$$

Il faut maintenant rendre ces formules calculables par logarithmes de la manière suivante :

$$a + b = \sqrt{a'^2 + b'^2 + 2ab\sin.\theta}$$
$$= \sqrt{(a'^2+b'^2)\left[\sin.^2\left(45^\circ - \frac{\theta}{2}\right) + \cos.^2\left(45^\circ - \frac{\theta}{2}\right)\right] + 2a'b'\left[\cos.^2\left(45^\circ - \frac{\theta}{2}\right) - \sin^2\left(45^\circ - \frac{\theta}{2}\right)\right]}$$
$$= \sqrt{(a'+b')^2\cos.^2\left(45^\circ - \frac{\theta}{2}\right) + (a'-b')^2\sin.^2\left(45^\circ - \frac{\theta}{2}\right)}$$
$$= (a'+b')\cos.\left(45^\circ - \frac{\theta}{2}\right)\sqrt{1 + \left(\frac{a'-b'}{a'+b'}\right)^2 \operatorname{tg.}^2\left(45^\circ - \frac{\theta}{2}\right)};$$

en posant :

$$\left(\frac{a'-b'}{a'+b'}\right) . \operatorname{tg.}\left(45^\circ - \frac{\theta}{2}\right) = \operatorname{tg.}\varphi,$$

il vient :

$$a + b = (a' + b') \cos.\left(45^\circ - \frac{\theta}{2}\right)\sqrt{1 + \operatorname{tg.}^2\varphi}$$

$$= \frac{(a' + b') \cos.\left(45^\circ - \frac{\theta}{2}\right)}{\cos.\varphi}.$$

Pour $(a - b)$, on aurait :

$$a - b = \sqrt{(a'+b')^2\sin.^2\left(45^\circ - \frac{\theta}{2}\right) + (a' - b')^2 \cos.^2\left(45^\circ - \frac{\theta}{2}\right)}$$

$$= (a'+b')\sin.\left(45^\circ - \frac{\theta}{2}\right)\sqrt{1 + \left(\frac{a'-b'}{a'+b'}\right)^2 \operatorname{ctg.}^2\left(45^\circ - \frac{\theta}{2}\right)} ;$$

d'où posant :

$$\frac{a'-b'}{a'+b'}\operatorname{ctg.}\left(45^\circ - \frac{\theta}{2}\right) = \operatorname{ctg.}\psi,$$

il vient :

$$a - b = \frac{(a' + b')\cos.\left(45^\circ - \frac{\theta}{2}\right)}{\sin.\psi}.$$

$(a + b)$ et $(a - b)$ étant calculés, a et b seront déterminés. Voilà pour la grandeur des axes; quand à leur direction, il suffit pour l'obtenir de faire un simple changement d'axes coordonnés. L'équation de l'ellipse rapportée à ses diamètres conjugués est de la forme :

$$a'^2y^2 + b'^2x^2 = a'^2b'^2 ;$$

puisque θ est l'angle des deux diamètres, il suffira, pour rapporter l'ellipse à un des axes, d'employer les deux formules :

$$x = \frac{x' \sin.(\theta - \alpha) - y' \cos.(\theta - \alpha)}{\sin.\theta},$$

$$y = \frac{x' \sin.\alpha + y' \cos.\alpha}{\sin.\theta}.$$

En substituant, on a :

$$a'^2 \sin.^2\alpha \atop + b'^2 \sin.^2(\theta - \alpha) \Big| \; {x'^2 + 2a'^2 \sin.\alpha \cos.\alpha \atop - 2b'^2 \sin.(\theta - \alpha) \cos.(\theta - \alpha)} \Big| \; {x'y' + a'^2 \cos.^2\alpha \atop + b'^2 \cos.^2(\theta - \alpha)} \Big| \; y'^2 = a'^2 b' \sin.^2\theta$$

Il s'agit maintenant d'exprimer que les nouveaux axes doivent être tels que l'équation conserve la même forme que précédemment. Condition qui fournit la relation :

$$2a'^2 \sin.\alpha \cos.\alpha - 2b'^2 \sin.(\theta - \alpha) \cos.(\theta - \alpha) = 0,$$

ou :

$$a'^2 \sin.2\alpha - b'^2 \sin.2(\theta - \alpha) = 0;$$

d'où :

$$(a'^2 + b'^2 \cos.2\theta)\, \mathrm{tg}.2\alpha = b'^2 \sin.2\theta,$$

et :

$$\mathrm{tg}.2\alpha = \frac{b'^2 \sin.2\theta}{a'^2 + b'^2 \cos.2\theta}.$$

L'angle α étant donné par sa tangente, existera toujours, et il sera en outre bien déterminé. En effet, à une tangente connue correspondent deux arcs plus petits que 360°, et différant entre eux de 180°, on a donc pour $\mathrm{tg}.2\alpha$ les deux arcs :

$$2\alpha \qquad \text{et} \qquad 180° + 2\alpha.$$

Si on en prend la moitié pour avoir les angles cherchés, on a :

$$\alpha \qquad \text{et} \qquad 90° + \alpha,$$

c'est-à-dire précisément les deux angles formés par les axes de l'ellipse avec l'ancien axe des x.

La valeur de tg.2α n'est pas logarithmique, mais on peut la rendre telle par les calculs ci-après :

$$\text{tg.}2\alpha = \dfrac{\dfrac{b'^2}{a'^2}\sin.2\theta}{1 + \dfrac{b'^2}{a'^2}\cos.2\theta};$$

d'où posant :

$$\dfrac{b'^2}{a'^2}\cos.2\theta = \text{tg.}2\chi,$$

il vient :

$$\text{tg.}2\alpha = \dfrac{\dfrac{b'^2}{a'^2}\sin.2\theta\cos.^2\chi}{\cos.^2\chi + \sin.^2\chi} = \dfrac{b'^2}{a'^2}\sin.2\theta\cos.^2\chi.$$

---

8. Un plan étant donné de position par rapport a un cône droit qu'il coupe suivant une ellipse, trouver le grand axe et l'excentricité de cette ellipse.

Soit le cône DSB, que l'on suppose représenté par une section principale perpendiculaire au plan donné, AB représente la trace de ce dernier sur le plan de projection ; comme le cône droit est connu, on a la valeur de son angle au sommet DSB $= 2\beta$; la position du plan sécant étant aussi déterminée par l'énoncé, les distances AS $= d$, BS $= d'$ sont données. Il faut maintenant chercher l'équation de la section conique AMB, qui, par hypothèse, doit être elliptique.

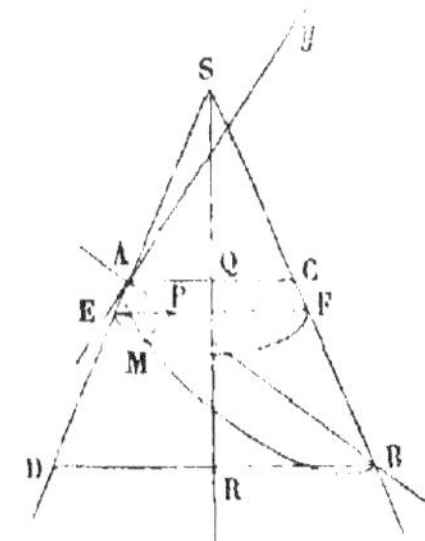

Soit M un point de cette section, si on prend pour axe des x la trace même du plan sécant, et pour axe des y la perpendiculaire Ay à cette trace, la perpendiculaire MP à AB sera l'ordonnée du point M, et AP son abscisse. La droite MP peut être considérée comme l'intersection de la section elliptique et d'une section circulaire, dont le diamètre serait EF perpendiculaire à l'axe du cône SR ; or MP est perpendiculaire à EF, on a donc :

$$\overline{\text{MP}}^2 = \text{EP} . \text{PF}, \qquad \text{ou} \qquad y^2 = \text{EP} . \text{PF};$$

et si pour abréger on pose :

$$\text{BD} = 2m, \quad \text{AC} = 2n \qquad \text{et} \qquad \text{AB} = 2a,$$

il vient :

$$\text{EP} = \frac{2mx}{a} = \frac{m.x}{a}, \qquad \text{PF} = \frac{2n(2a-x)}{2a} = \frac{n(2a-x)}{a},$$

donc :

$$y^2 = \frac{m.n}{a^2}(2a-x)x.$$

On voit *à priori* que l'équation de la section conique trouvée ci-dessus est celle de l'ellipse demandée, dont le grand axe est $2a$, le petit axe $2\sqrt{mn}$, et enfin l'excentricité $c = \sqrt{a^2 - mn}$; reste à présent à déterminer a, m, n en fonction des données d, d' et 2β. Le triangle ASB donne la relation suivante :

$$
\begin{aligned}
\text{AB} &= \sqrt{d^2 + d'^2 - 2dd' \cos.^2\beta} \\
&= \sqrt{(d^2 + d'^2)(\sin.^2\beta + \cos.^2\beta) - 2dd'(\cos.^2\beta - \sin.^2\beta)} \\
&= \sqrt{(d + d')^2 \sin.^2\beta + (d - d') \cos.^2\beta} \\
&= (d + d') \sin.\beta \sqrt{1 + \left(\frac{d - d'}{d + d'}\right)^2 \cot.^2\beta};
\end{aligned}
$$

et en posant :

$$\left(\frac{d - d'}{d + d'}\right) \text{ctg.} \, \beta = \text{tg.} \, \varphi,$$

il vient :

$$2a = \frac{(d + d') \sin. \beta}{\cos. \varphi},$$

ce qui résout la première partie du problème.

Maintenant on a :

$$m = \text{DR} = d' \sin. \beta, \qquad n = \text{AQ} = d \sin. \beta,$$

d'où :

$$mn = dd' \sin.^2\beta,$$

or :

$$c = \sqrt{a^2 - mn},$$

donc :

$$c = a \sqrt{1 + \frac{dd' \sin.^2\beta}{a^2}} = \frac{(d + d') \sin. \beta}{\cos. \varphi \cos. \psi} \sqrt{2\psi}.$$

En posant :

$$\frac{dd' \sin.^2\beta}{a^2} \qquad \text{ou} \qquad \frac{dd' \sin.^2\beta \cos.^2\varphi}{(d + d') \sin.^2\beta},$$

ou enfin :

$$\frac{dd' \cos.^2\varphi}{d + d'} = \text{tg.} \, \psi.$$

Le problème est donc résolu, puisque les valeurs de a et c sont données par des valeurs aptes à être calculées par logarithmes.

---

9. Calcul des éléments d'une courbe du second degré satisfaisant a des conditions données.

L'équation générale des courbes du second degré peut toujours être ramenée à la forme :

$$y^2 = 2px + qx^2.$$

q ayant une valeur convenable suivant le genre de courbe que l'on a à considérer, ou en d'autres termes, q devant être plus grand, plus petit ou égal à zéro, selon que l'on aura à discuter une hyperbole, une ellipse ou une parabole.

Les conditions du problème donneront nécessairement deux relations entre les paramètres p et q, et par suite détermineront ces paramètres, qui, une fois connus, feront aisément obtenir les éléments de la courbe tels que les axes, les sommets, le centre, l'excentricité, etc. Ainsi la question n'offre aucune difficulté.

On sait, en effet, que l'on a :

$$p = \frac{b^2}{a^2}, \qquad q = \pm \frac{b^2}{a^2}.$$

La forme ci-dessus de l'équation des courbes du second degré a l'avantage d'être, à la fois, simple et commune aux trois courbes, ce qui la fait souvent préférer; cependant il est d'autres formes, telles que l'équation au centre pour l'ellipse et l'hyperbole, l'équation aux foyers pour les trois courbes qui, dans certains cas particuliers, peuvent être employées avec avantage. C'est, d'après le genre de la question que l'on sera à même de choisir quelle est la forme préférable dans chaque problème particulier.

---

10. Un plan étant donné en coordonnées rectangulaires, trouver ses inclinaisons sur les plans coordonnés.

Soient :

$$Ax + By + Cz + D = 0, \qquad A'x + B'y + C'z + D' = 0,$$

les équations des deux plans ; l'angle qu'ils forment entre eux sera donné par la formule :

$$\cos. (P,P') = \frac{AA' + BB' + CC'}{\sqrt{A^2 + B^2 + C^2} \cdot \sqrt{A'^2 + B'^2 + C'^2}}. \qquad (1)$$

Or si l'on fait coïncider le plan P' avec chacun des plans coordonnés, et que le plan P soit le plan donné, la relation (1) fournira les trois relations suivantes :

$$\cos. (P,XY) = \frac{C}{\sqrt{A^3 + B^2 + C^2}} , \quad \cos. (P,XZ) = \frac{B}{\sqrt{A^2 + B^2 + C^2}} ,$$

$$\cos.(P,YZ) = \frac{A}{\sqrt{A^2 + B^2 + C^2}} ; \qquad (2)$$

Ces trois équations élevées au carré et ajoutées donnent :

$$\cos.^2(P,XY) + \cos.^2(P,XZ) + \cos.^2(P,YZ) = 1 ;$$

ce qui prouve qu'il suffit de connaître deux seulement des angles du plan P avec les plans de projection pour en déduire immédiatement la valeur du troisième angle que fait P avec le dernier plan de projection.

On rendra calculables par logarithmes les formules (2) de la manière suivante :

$$\cos.(P,XY) = \frac{C}{\sqrt{A^2 + B^2 + C^2}} = \frac{\dfrac{C}{A}}{\sqrt{1 + \dfrac{B^2 + C^2}{A^2}}} ;$$

posant :

$$B^2 + C^2 = A^2 \operatorname{tg.}^2\varphi,$$

il vient :

$$\cos. (P,XY) = \frac{C}{A} \cos.\varphi.$$

Pour calculer l'angle φ, on posera :

$$\frac{C}{B} = tg.\psi, \qquad \text{d'où} \qquad A^2 tg.^2\varphi = \frac{1}{\cos.\psi}.$$

On aura en définitive à calculer les trois formules :

$$tg.\psi = \frac{C}{A}, \quad A\, tg.\varphi = \frac{1}{\cos.\psi}, \quad \cos.(P_1XY) = \frac{C}{A}\cos.\varphi.$$

On emploiera une méthode analogue pour les deux autres angles.

---

11. Calcul d'une intégrale définie au moyen des quadratures.

Une intégrale définie $\int_a^b f(x)dx$ peut toujours être considérée comme représentant l'aire d'une courbe :

$$y = f(x),$$

a et b étant les deux abscisses extrêmes entre lesquelles on veut déterminer l'aire de la courbe.

Si l'intégrale $\int_a^b f(x)dx$ est exécutable, on obtient immédiatement la valeur exacte de l'aire cherchée ; mais dans la plupart des cas, il n'en est pas ainsi, et il faudra alors recourir à une méthode d'approximation.

Toutes ces méthodes approximatives reviennent à diviser l'aire que l'on veut évaluer en figures très-petites, et ayant une forme géométrique simple qui permet de les évaluer facilement, et qui sont telles que leur somme diffère très-peu de l'aire cherchée.

Les méthodes les plus simples consisteraient à prendre pour l'aire de la courbe la somme des rectangles intérieurs ou extérieurs formés, en menant par les extrémités d'ordonnées très-rapprochées, à l'intérieur de la courbe dans le premier cas, et à l'extérieur dans le second, des parallèles à l'axe des x. Mais cette méthode ne donne pas, en général, une approximation suffisante ; on emploie de préférence la méthode des trapèzes, qui donne une moyenne entre ces deux sommes. Cette méthode consiste à considérer les trapèzes formés en joignant les sommets de deux ordonnées consécutives. On doit avoir soin, pour connaître l'approximation, de n'estimer jamais à la fois que l'aire d'une portion de courbe qui ne contient pas de points d'inflexion ; on le peut facilement en divisant l'aire en plusieurs portions que l'on évaluera séparément.

La méthode des trapèzes conduit à une formule très-simple, en supposant les ordonnées toutes également distantes :

$$A = \left(\Sigma y - \frac{y_0 + y_n}{2} \right) h,$$

A étant l'aire cherchée, y_0 et y_n les deux ordonnées extrêmes, et h la distance de deux ordonnées consécutives.

Cette méthode a été perfectionnée par Euler, et, ainsi modifiée, conduit à une assez grande approximation. Qu'on suppose l'intervalle de a à b divisé en n parties égales à h, on aura $b - a = n.h.$; d'ailleurs on sait que :

$$\int_a^b f(x)dx = F(b) - F(a),$$

$F(x)$ étant l'intégrale indéfinie de $f(x)dx$.

On aura, d'après le développement de Taylor :

$$F(a+b) - F(a) = hf(a) + \frac{h^2}{1.2}f'(a) + \frac{h^3}{1.2.3}f''(a) + \frac{h^4}{1.2.3.4}f'''(a) + \ldots\ldots$$

$$F(a+2h)-F(a+h)=hf(a+h)+\frac{h}{1.2}f'(a+h)+\frac{h^3}{1.2.3}f''(a+h)$$
$$+\frac{h^4}{1.2.3.4}f'''(a+h)+\ldots\ldots$$

$$\ldots\ldots\ldots\ldots=\ldots\ldots\ldots\ldots$$
$$\ldots\ldots\ldots\ldots=\ldots\ldots\ldots\ldots$$
$$\ldots\ldots\ldots\ldots=\ldots\ldots\ldots\ldots$$

$$F(b)-F(b-h)=hf(b-h)+\frac{h^2}{1.2}f'(b-h)+\frac{h^3}{1.2.3}f''(b-h)$$
$$+\frac{h^4}{1.2.3.4}f'''(b-h);$$

d'où, intégrant membre à membre et posant :

$$S'=f(a)+f(a+h)+\ldots\ldots f(b-h),\quad S'=f'(a)+f'(a+h)+\ldots\ldots f'(b-h),$$
$$S'=f''(a)+f''(a+h)+\ldots f''(b-h),\quad S''=f'''(a)+f'''(a+h)+\ldots f'''(b-h),$$

$$F(b)-F(a)=hS+\frac{h^2}{1.2}S'+\frac{h^2}{1.2.3}S''+\frac{h}{1.2.3.4}S'''+\ldots\ldots$$

$$f(b)-f(a)=hS'+\frac{h^2}{1.2}S''+\frac{h^3}{1.2.3}S''+\ldots\ldots$$

$$f'(b)-f'(a)=hS''+\frac{h^2}{1.2}S'''+\ldots\ldots$$

$$f'(b)-f''(a)=hS'''+\ldots\ldots$$

On pourrait continuer ainsi indéfiniment, mais on s'arrête aux dérivées du quatrième ordre, en ajoutant toutes ces égalités après les avoir multipliées par 1, λh, $\lambda'h^2$, $\lambda''h^3$,..... il vient :

$$\left[F(b)-F(a)\right]+\lambda h\left[f(b)-(a)\right]+\lambda'h^2\left[f'(b)-f'(a)\right]$$
$$+\lambda''h^3\left[f''(b)-f''(a)\right]=hS+h^2S'\left(\frac{1}{1.2}+\lambda\right)$$
$$+h^3S''\left(\frac{1}{1.2.3}+\lambda\cdot\frac{1}{1.2}+\lambda'\right)+h^4S'''\left(\frac{1}{1.2.3.4}+\lambda\frac{1}{1.2.3}+\lambda'\frac{1}{1.2}+\lambda''\right).$$

On peut disposer de l'indétermination des paramètres λ, λ', λ'', pour faire disparaître les termes contenant S', S'', S''', quantités très-difficiles à calculer ; pour cela, on pose :

$$\left.\begin{aligned}\frac{1}{1.2}+\lambda&=0\\[2mm]\frac{1}{1.2.3}+\lambda\cdot\frac{1}{1.2}+\lambda'&=0\\[2mm]\frac{1}{1.2.3.4}+\lambda\cdot\frac{1}{1.2.3}+\lambda'\cdot\frac{1}{1.2}+\lambda''&=0\end{aligned}\right\}\text{d'où}\left\{\begin{aligned}\lambda&=-\frac{1}{2}\\[2mm]\lambda'&=\frac{1}{12}\\[2mm]\lambda''&=0.\end{aligned}\right.$$

La formule générale devient donc :

$$\int_a^b f(x)dx = F(b) - F(a)$$
$$= h\left[S+\frac{1}{2}\left(f(b)-f(a)\right)\right] - \frac{1}{12}\left(f'(b)-f'(a)\right).$$

Telle est la formule d'Euler. On pourrait l'étendre plus loin, mais on s'arrête généralement à ces deux termes. Il est facile de reconnaître que le premier terme est précisément le résultat obtenu par la méthode des trapèzes ; quant au second, c'est un terme de correction. La théorie ci-dessus exposée a l'inconvénient d'exiger que les ordonnées soient également espacées. En général, on les choisit ainsi ; mais il est des circonstances, par exemple, quand la courbe s'élève brusquement, où, à une faible variation de l'abscisse, correspond une grande variation de l'ordonnée, et alors la loi d'équidistance des abscisses ne peut être observée. On partage alors la courbe en plusieurs parties distinctes pour lesquelles on peut prendre des ordonnées équidistantes.

Les deux méthodes que l'on va exposer exigent, outre les conditions exigées par la théorie d'Euler, que le nombre des ordonnées soit impair.

La première de ces méthodes est due à Thomas Simpson.

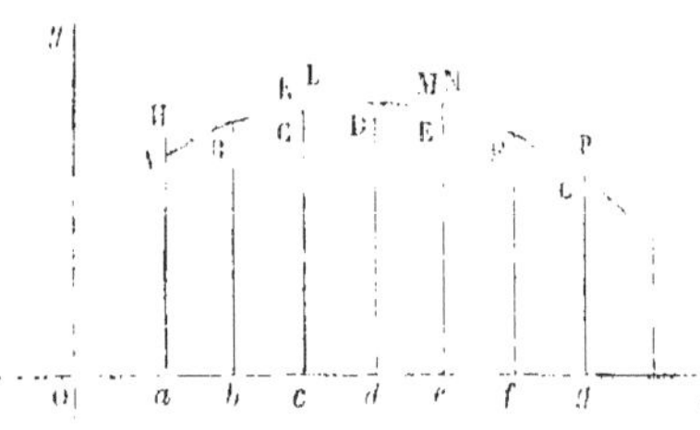

Par les points a, b, c, d, e, f, g, menons des ordonnées jusqu'à la rencontre de la courbe en A, B, C, D, E, F, G, si on joint les sommets de rang pair deux à deux et avec ceux des extrémités A et G, et que par les sommets de rang pair (B, D, F) on mène des tangentes à la courbe jusqu'à la rencontre des ordonnées de rang impair prolongées, on aura ainsi formé des trapèzes intérieurs et extérieurs à la courbe, en faisant la somme des uns et des autres, l'aire de la courbe sera évidemment comprise entre ces deux sommes.

Or on a pour la somme des trapèzes extérieurs, en désignant par y_0, y_1, y_3 ..... y_n les ordonnées et posant $ab = h$:

$$\Sigma T = 2h(y_1 + y_3 + ... y_{n-1});$$

et pour les trapèzes intérieurs :

$$\Sigma t = 2h(y_1 + y_3 + ... y_{n-1}) + h\left(\frac{y_n - y_{n-1}}{2} - \frac{y_1 - y_0}{2}\right),$$

$$= 2h(y_1 + y_3 + ... y_{n-1}) + \frac{h}{2}(\Delta y_{n-1} - \Delta y_0).$$

Prenant la moyenne entre ΣT et Σt, on obtiendra une approximation plus grande pour l'aire de la courbe, et l'on aura :

$$A = 2h\Sigma p. + \frac{h}{4}(\Delta y_{n-1} - \Delta y_0),$$

Σp étant la somme des ordonnées de rang pair.

Cette formule, qui est celle de Thomas Simpson, n'exige,

comme on le voit, que la connaissance des ordonnées de rang pair.

La seconde méthode qu'il reste à faire connaître a été donnée par M. Poncelet; comme dans la précédente, il faut considérer un nombre impair d'ordonnées.

Qu'on suppose que par les trois points A, B, C, on fasse passer un arc de parabole, ce qui est toujours possible, puisqu'une parabole n'est déterminée que par quatre conditions, on pourra, pour compléter la connaissance de la courbe, supposer son axe parallèle à celui des y. L'arc de la courbe ABC étant pris suffisamment petit, sera sensiblement parabolique, et l'aire ABC pourra être estimée comme l'aire d'un segment parabolique.

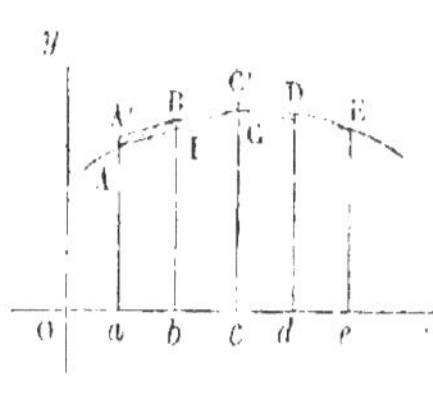

Or si on mène par le point B une tangente A'C' à la courbe, on aura :

$$\text{Segm. ABC} = \frac{2}{3}\,\text{AA'CC'} = \frac{2}{3}\,.\,ac\,.\,\text{BI}.$$

Soit $ac = h$, $\text{BI} = y_1 - \dfrac{y_0 + y_2}{2}$, donc il vient :

$$\text{Segm. ABC} = \frac{2h}{3}\left(y_1 - \frac{y_0 + y_2}{2}\right);$$

on obtiendrait de même :

$$\text{Segm. CDE} = \frac{2h}{3}\left(y_3 - \frac{y_2 + y_4}{2}\right),$$

et ainsi de suite; donc on a pour l'aire totale de la courbe :

$$\text{A} = \frac{h}{6}\left[4\,\Sigma p - 2\,\Sigma i + (y_0 + y_i)\right],$$

Σp étant la somme des ordonnées de rang pair, Σi celle des ordonnées de rang impair. Cette formule est celle qui donne ordinairement la plus grande approximation; aussi est-ce elle que l'on emploie de préférence quand on a à calculer une intégrale définie au moyen des quadratures.

---

12. DÉTERMINATION DE L'AIRE D'UNE COURBE PLANE, DE LA LONGUEUR D'UN ARC DE COURBE, DU VOLUME D'UN SOLIDE DE RÉVOLUTION, D'UN MOMENT D'INERTIE, PAR LE MOYEN DES QUADRATURES.

Cette question rentre immédiatement dans la précédente, car elle revient uniquement au calcul d'intégrales définies; aussi suffira-t-il de donner simplement les formules relatives aux différents cas proposés dans l'énoncé :

1° *Cas de l'aire d'une courbe.*—Coordonnées rectilignes :

$$A = \int_{x_1}^{x_2} (y - y_1) \sin. \theta dx,$$

(θ étant l'angle des axes).

Coordonnées polaires :

$$A = \frac{1}{2} \int_{\theta_1}^{\theta_2} r^2 d\theta.$$

2° *Cas de la longueur d'un arc de courbe.*—Coordonnées rectilignes :

$$S = \int_{x_1}^{x_2} \sqrt{1 + \left(\frac{dy}{dx}\right)^2} . dx.$$

Coordonnées polaires :

$$S = \int_{\theta_1}^{\theta_2} \sqrt{r^2 + \left(\frac{dr}{d\theta}\right)^2} . d\theta.$$

$3°$ *Cas du volume d'un solide de révolution.*—Coordonnées rectilignes :

$$V = \pi \int_{x_1}^{x_2} z^2 dx.$$

$4°$ *Cas d'un moment d'inertie.*—Coordonnées rectilignes :

$$KM = \left[\int_{x_1}^{x_2} x^2 dx \int_{\varphi_1(x)}^{\varphi_2(x)} dy \int_{\psi_1(x,y)}^{\psi_2(x,y)} dr + \int_{x_1}^{x_2} dx \int_{\varphi_1(x)}^{\varphi_2(x_2)} y^2 dy \int_{\psi_1(x,y)}^{\psi_2(x,y)} dr \right],$$

K étant la densité du corps dont on cherche le moment d'inertie.

---

13. Mouvement vertical d'un point pesant, en tenant compte de la variation de la gravité avec la distance au centre de la terre.

Dans la résolution de cette question, on considérera la terre comme sensiblement sphérique, et composée de couches homogènes, en sorte que l'attraction qu'elle exerce sur les corps varie en raison inverse du carré de la distance au centre.

Soit d'abord le cas d'un corps qui tombe et qui est soumis uniquement à l'action de la pesanteur.

Soit A le point de départ, $AC = a$, et M la position du mobile au temps t, quand il aura parcouru l'espace $AM = e$; si $MC = x$, le rayon de la sphère étant r et l'intensité de l'attraction à la surface étant g, on a :

$$\frac{dx}{dt} = -\frac{de}{dt},$$

$$\frac{d^2x}{dt^2} = -\frac{d^2e}{dt^2}.$$

Or $\dfrac{d^2 c}{dt^2} = \varphi = \dfrac{gr^2}{x^3}$, φ étant l'accélération due à la pesanteur. Multipliant les deux membres par $2dx$, il vient :

$$2\frac{dx}{dt} \cdot \frac{d^2 x}{dt^2} = -2\frac{gr^2}{x^2}\,dx \,;$$

d'où en intégrant :

$$\left(\frac{dx}{dt}\right)^2 = \frac{2gr^2}{x} + \text{C}.$$

Or le corps étant simplement soumis à l'action de la pesanteur, la vitesse est nulle en A, on a donc en ce point :

$$\text{V} = \frac{dc}{dt} = -\frac{dx}{dt} = \sqrt{\frac{2gr^2}{a}} + \text{C} = 0 \,;$$

d'où :

$$\text{C} = -\frac{2gr^2}{a} \,;$$

donc :

$$\left(\frac{dx}{dt}\right)^2 = \frac{2gr^2}{a}\left(\frac{ax - x^2}{x^2}\right), \qquad (1)$$

$$\frac{dx}{dt} = \frac{2gr^2}{a}\frac{\sqrt{ax - x^2}}{x}.$$

Le mobile descendant, x, diminue quand t augmente; on doit donc prendre le signe — pour la dérivée; on tire de là :

$$\sqrt{\frac{2gr^2}{a}} \cdot dt = \frac{-x\,dx}{\sqrt{ax - x^2}} \,;$$

ou, en intégrant :

$$\sqrt{\frac{2gr^2}{a}} \cdot t = \sqrt{ax - x^2} + \frac{a}{2}\,\text{arc. cos.}\,\frac{2x - a}{a},$$

expression qui permet de calculer t en fonction de x. Il est inutile d'ajouter de constante, car pour $t = 0$, on a $x = a$. Si le corps, outre l'influence de la pesanteur, avait été animé d'une vitesse initiale, l'équation (1) serait devenue :

$$\left(\frac{dx}{dt}\right)^2 = \frac{2gr^2}{a}\left(\frac{ax - x^2}{x^2}\right) + V_0^2,$$

ou :

$$\frac{dx}{dt} = -\sqrt{\frac{2gr^2}{a}} \cdot \frac{\sqrt{ax - \left(\frac{2gr^2 - aV_0^2}{2gr^2}\right)x^2}}{x}$$

$$\sqrt{\frac{2gr^2 - aV_0^2}{a}} \cdot \sqrt{\frac{2gr^2 a.}{2gr^2 - aV_0^2}x - x^2} \, ;$$

d'où :

$$\sqrt{\frac{2gr^2 - aV_0^2}{a}} \cdot dt = \frac{-x\,dx}{\sqrt{\frac{2gr^2 a}{2gr^2 - aV_0^2}x - x^2}} \, ,$$

et, en intégrant :

$$\sqrt{\frac{2gr^2 - aV_0^2}{a}} \cdot t = \sqrt{\frac{2gr^2 a}{2gr^2 - aV_0^2}x - x^2}$$

$$+ \frac{gr^2 a}{2gr^2 - aV_0^2} \text{ arc. cos. } \frac{x - \dfrac{gr^2 a}{2gr^2 - aV_0^2}}{\dfrac{gr^2 a}{2gr^2 - aV_0^2}} \, .$$

Dans le cas où le corps s'élèverait, au contraire, suivant la verticale, la série de calculs à effectuer serait la même. Seulement, pour déterminer la constante, il faudra exprimer qu'au point T, à la surface de la terre, la vitesse est V_0, d'où :

$$\left(\frac{dx}{dt}\right)^2 = \frac{2gr^2}{r}\left(\frac{rx - x^2}{x^2}\right) + V_0^2.$$

On aura donc, en prenant le signe $+$, puisque x croît avec t :

$$\frac{dx}{dt} = + \sqrt{\frac{2gr^2}{r}} \cdot \frac{\sqrt{rx - \left(1 - \frac{rV_0^2}{2gr^2}\right)x^2}}{x}$$

$$= \sqrt{2gr - V_0^2} \cdot \frac{\sqrt{\frac{2gr^2}{2gr^2 - V_0^2} \cdot x - x^2}}{x};$$

d'où :

$$\sqrt{2gr - V_0^2} \cdot dt = \frac{x\,dx}{\sqrt{\frac{2gr^2}{2gr - V_0^2} \cdot x - x^2}},$$

et, en intégrant :

$$\sqrt{2gr - V_0^2} \cdot t = \frac{gr^2}{2gr - V_0^2} \, \text{arc. sin.} \, \frac{x - \frac{gr^2}{2gr - V_0^2}}{\frac{gr^2}{2gr - V_0^2}} - \sqrt{\frac{2gr^2}{2gr - V_0^2} x - x^2}.$$

---

14. Mouvement vertical d'un point pesant dans un milieu résistant, la résistance étant supposée proportionnelle au carré de la vitesse.

Considérant d'abord le mouvement descendant d'un corps pesant, soit g l'intensité de la force agissante supposée constante, la résistance pourra être représentée par $g \cdot \frac{v^2}{K^2}$. K est une constante, mais il est à remarquer qu'elle exprime précisément la vitesse que devrait avoir le corps pour que sa résistance fût exactement égale à son poids (la masse du corps est supposée égale à l'unité).

Comme la résistance agit en sens contraire du poids, on a :

$$\varphi = g - g \cdot \frac{v^2}{K^2} = g\,\frac{K^2 - v^2}{K^2} = \frac{dv}{dt};$$

d'où :

$$dt = \frac{K^2}{g} \cdot \frac{1}{K^2 - v^2}\, dv = \frac{K}{2g} \left(\frac{1}{K - v} + \frac{1}{K + v} \right) dv;$$

et enfin :

$$t = \frac{K}{2g} \log. \frac{(K + v)}{(K - v)}. \tag{1}$$

La constante est nulle, car pour $t = 0$, $v = 0$.

Si l'on compte la distance x à partir du point A, on aura :

$$dx = vdt = \frac{K^2 vdv}{g(K^2 - v^2)};$$

d'où :

$$x = \frac{K^2}{2g} \log. (K^2 - v^2) + C,$$

pour $x = 0$, $v = 0$, ce qui donne $C = \frac{K^2}{2g} \log. K^2$; donc :

$$x = \frac{K^2}{2g} \log. \frac{K^2}{K^2 - v^2}. \tag{2}$$

La valeur de x est, on le voit, donnée en fonction de v.

En résolvant l'équation (1) par rapport à v, il vient :

$$e^{\frac{2gt}{K}} = \frac{K + v}{K - v};$$

d'où :

$$v = K \cdot \frac{e^{\frac{2gt}{K}} - 1}{e^{\frac{2gt}{K}} + 1} = K \cdot \frac{1 - e^{-\frac{2gt}{K}}}{1 + e^{-\frac{2gt}{K}}}.$$

Pour trouver la valeur de x en fonction de t, on a :

$$dx = v \cdot dt,$$

ou :

$$dx = \mathrm{K} \cdot \frac{1 - e^{-\frac{2gt}{\mathrm{k}}}}{1 + e^{-\frac{2gt}{\mathrm{k}}}} \cdot dt = \mathrm{K}dt - \mathrm{K} \cdot \frac{2e^{-\frac{2gt}{\mathrm{k}}}}{1 + e^{\frac{2gt}{\mathrm{k}}}} \cdot dt;$$

d'où :

$$x = \mathrm{K}t + \frac{\mathrm{K}^2}{g} \log. \left(1 + e^{-\frac{2gt}{\mathrm{k}}}\right) + \mathrm{C}.$$

pour $t = 0$, $x = 0$; donc :

$$\mathrm{C} = -\frac{\mathrm{K}^2}{g} \cdot \log. 2.$$

On a donc :

$$x = \mathrm{K}t + \frac{\mathrm{K}^2}{g} \log. \frac{1 + e^{-\frac{2gt}{\mathrm{k}}}}{2}.$$

Jusqu'à présent on a supposé le corps uniquement soumis à l'attraction de la sphère, mais il peut se faire qu'il ait reçu en sens inverse une impulsion initiale; la force qui lui est appliquée pendant son mouvement est :

$$\varphi = \frac{dv}{dt} = -g - g \frac{v^2}{\mathrm{K}^2}.$$

La force étant dirigée en sens contraire du mouvement, on comptera encore x dans le sens du mouvement; donc :

$$dt = -\frac{\mathrm{K}^2}{g} \cdot \frac{dv}{\mathrm{K}^2 + v^2}; \tag{1}$$

d'où :

$$t = -\frac{\mathrm{K}}{g} \cdot \mathrm{arc. \, tang.} \frac{v}{\mathrm{K}} + \mathrm{C}.$$

Or pour $x = 0$, $v = a$; donc :

$$C = -\frac{K}{g}\text{ arc. tang. }\frac{a}{K};$$

par suite :

$$t = -\frac{K}{g}\left(\text{arc. tang. }\frac{v}{K} - \text{arc. tang. }\frac{a}{K}\right);$$

d'où :

$$v = \frac{K\left(\dfrac{a}{K} - \text{tang. }\dfrac{gt}{K}\right)}{1 + \dfrac{a}{K}\text{ tang. }\dfrac{gt}{K}};$$

ou :

$$v = \frac{a\cos.\dfrac{gt}{K} - K\sin.\dfrac{gt}{K}}{K\cos.\dfrac{gt}{K} + a\sin.\dfrac{gt}{K}}. \qquad (2)$$

On a, comme plus haut :

$$dx = vdt,$$

ou, d'après la relation (1) :

$$dx = -\frac{K^2}{2g}\cdot\frac{2vdv}{K^2 + v^2};$$

par suite :

$$x = -\frac{K^2}{2g}\log.(K^2 + v^2) + C$$

pour $x = 0$, $v = a$, alors :

$$C = \frac{K^2}{2g}\log.(K^2 + a^2);$$

donc :

$$x = \frac{K^2}{2g}\log.\frac{K^2 + a^2}{K^2 + v^2};$$

et si l'on veut avoir l'expression de x en fonction de t, on a, d'après (2) :

$$dx = \frac{a \cos.\dfrac{gt}{K} - K \sin.\dfrac{gt}{K}}{K \cos.\dfrac{gt}{K} + a \sin.\dfrac{gt}{K}};$$

d'où suit :

$$x = \frac{K^2}{g} \log. \left(\frac{K \cos.\dfrac{gt}{K} + a \sin.\dfrac{gt}{K}}{K} \right); \qquad (4)$$

car on a $C = K$.

Pour avoir la hauteur maximum à laquelle s'élèvera le mobile, il suffit de poser dans (3) $v = 0$, d'où :

$$x = \frac{K^2}{2g} . \log. \frac{K^2 + a^2}{K^2}. \qquad (5)$$

Le temps θ de l'ascension est donné par (2) quand on y fait $v = 0$, et il vient :

$$a \cos. \frac{g\theta}{K} - K \sin. \frac{g\theta}{K} = 0,$$

d'où :

$$\theta = \frac{K}{g} \text{ arc. tang.} \frac{a}{K}.$$

Quand le mobile sera arrivé à ce point, son mouvement sera donné par les équations du premier cas.

Si l'on veut avoir la vitesse quand il sera revenu à son point de départ, il faut égaler la valeur (5) de x à la valeur (2) de la même inconnue dans le premier cas, ou :

$$\frac{K^2}{2g} \log. \frac{K^2 + a^2}{K^2} = \frac{K^2}{2g} \log. \frac{K^2}{K^2 - v^2}.$$

d'où :

$$v^2 = a\,\frac{K^2}{K^2 + a^2} = a \cdot \frac{1}{1 + \dfrac{a^2}{K^2}}.$$

Cette vitesse est moindre que la vitesse initiale, et d'autant moindre que K est plus petit, ou le milieu plus dense.

On obtient le temps θ' de la descente en égalant la valeur (5) de x à la valeur (3) du premier cas, ce qui donne :

$$\frac{K^2}{2g}\log.\frac{K^2 + a^2}{K^2} = K\theta' + \frac{K^2}{g}\log.\frac{1 + e^{-\frac{g\theta'}{K}}}{2};$$

or :

$$K\theta' = \frac{K^2}{g} \cdot \frac{g\theta'}{K} = \frac{K^2}{g}\log. e^{\frac{g\theta'}{K}};$$

donc :

$$\frac{1}{2}\log.\frac{K^2 + a^2}{K^2} = \log.\frac{e^{\frac{g\theta'}{K}} + e^{-\frac{g\theta'}{K}}}{2},$$

ou :

$$e^{\frac{g\theta'}{K}} + e^{-\frac{g\theta'}{K}} = \frac{2\sqrt{K^2 + a^2}}{K}.$$

Posant $e^{\frac{gt}{K}} = z$, on a :

$$z^2 - \frac{2\sqrt{K^2 + a^2}}{K}\,z + 1 = 0;$$

d'où :

$$z = e^{\frac{g\theta'}{K}} = \frac{a + \sqrt{K^2 + a^2}}{K},$$

et :

$$\theta' = \frac{K}{g} \cdot \log.\frac{a + \sqrt{K^2 + a^2}}{K}.$$

Le temps total du mouvement du mobile est donc :

$$\theta + \theta' = \frac{K}{g}\left(\text{arc. tang.}\ \frac{a}{K} + \log.\ \frac{a + \sqrt{K^2 + a^2}}{K}\right).$$

---

15. OSCILLATIONS DU PENDULE SIMPLE.

Un point matériel pesant étant supposé suspendu à l'extrémité d'une tige inextensible et sans pesanteur, et de plus mobile autour d'un point fixe, si on l'écarte de sa position d'équilibre et qu'on l'abandonne à lui-même, il décrira un arc de cercle vertical avec une vitesse croissante jusqu'au point le plus bas, puis il s'élèvera avec une vitesse successivement décroissante jusqu'à ce que cette vitesse devienne nulle ; alors le pendule, reprenant les mêmes vitesses que dans la première partie de son mouvement, mais en sens inverse, redescendra en suivant la même loi, et exécutera autour du point fixe une série d'oscillations égales et isochrones.

Soit B le point de départ où la vitesse est nulle, M une position du mobile au bout d'un temps donné ; soient $BCA = \alpha$, $MCA = \theta$ et $BC = l$; on a en général :

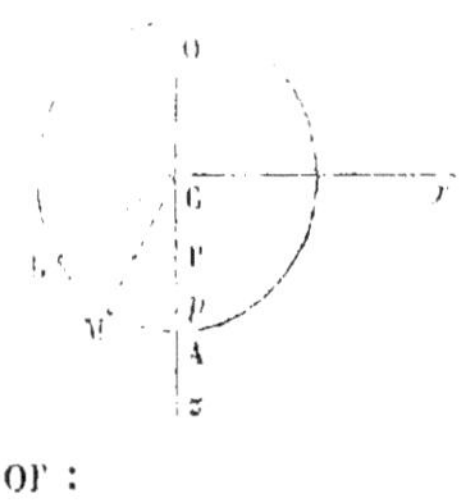

$$V = \frac{ds}{dt} = \sqrt{2g(z - z_0)};$$

or :

$$BM = s = l(\alpha - \theta);$$

d'où :

$$ds = - l\,d\theta ;$$

$$Z_0 = CP = l \cos. \alpha, \qquad z = cp = l \cos. \theta.$$

On a donc :

$$- l \frac{d\theta}{dt} = \sqrt{2gl(\cos.\theta - \cos.\alpha)};$$

d'où :

$$dt = - \sqrt{\frac{l}{2g}} \cdot \frac{d\theta}{\sqrt{\cos.\theta - \cos.\alpha}}.$$

Il faut prendre le signe — parce que le mouvement étant descendant, θ diminue quand t augmente.

Si les oscillations sont très-faibles, on a :

$$\cos.\alpha = 1 - \frac{\alpha^2}{1.2} + \frac{\alpha^4}{1.2.3.4} - \ldots, \quad \cos.\theta = 1 - \frac{\theta^2}{1.2} + \frac{\theta^4}{1.2.3.4} - \ldots;$$

ou, en négligeant les quatrièmes puissances de α et θ, à cause de leur petitesse, on a :

$$dt = - \sqrt{\frac{l}{g}} \cdot \frac{d\left(\frac{\theta}{\alpha}\right)}{\sqrt{1 - \left(\frac{\theta}{\alpha}\right)^2}};$$

d'où, en intégrant :

$$t = \sqrt{\frac{l}{g}} \cdot \text{arc. cos.} \frac{\theta}{\alpha} + C.$$

Mais pour $t = 0$, on doit avoir $\theta = \alpha$, ou $C = 0$.

Maintenant, pour avoir le temps d'une demi-oscillation, il suffit de poser $\theta = 0$, d'où :

$$t = \frac{\pi}{2} \sqrt{\frac{l}{g}};$$

et en doublant pour avoir le temps d'une oscillation entière :

$$T = \pi . \sqrt{\frac{l}{g}};$$

On peut remarquer que ce temps est indépendant de l'amplitude de l'oscillation.

Soit le cas général des oscillations d'amplitude quelconque. Posant :

$$\cos.\alpha = (1 - b), \qquad \cos.\theta = (1 - x);$$

il vient :

$$\theta = \text{arc.}\cos.(1 - x), \qquad \text{d'où} \qquad d\theta = + \frac{dx}{2x - x^2}.$$

La valeur de dt devient donc :

$$dt = - \sqrt{\frac{l}{2g}} . \frac{dx}{\sqrt{2x - x^2}} . \frac{1}{\sqrt{b - x}}.$$

Si l'on prend encore le signe —, c'est parce que x varie en raison inverse de t. Les limites de θ étant α et 0, et les limites correspondantes de x, b et 0, la première sera la limite supérieure ; mais par un changement de signe dans la différentielle, on pourra facilement renverser l'ordre de ces limites ; on aura en intégrant :

$$t = \frac{1}{2} \sqrt{\frac{l}{g}} . \int_0^b \frac{dx}{\sqrt{bx - x^2}} . \left(1 - \frac{x}{2}\right)^{-\frac{1}{2}};$$

or :

$$\left(1 - \frac{x}{2}\right)^{-\frac{1}{2}} = 1 + \frac{1}{2}\left(\frac{x}{2}\right)$$

$$+ \frac{1.3}{2.4}\left(\frac{x}{2}\right)^2 + \ldots \frac{1.3.5\ldots(2n-1)}{2.4.6\ldots 2n}\left(\frac{x}{2}\right)^4 + \text{etc.}\ldots$$

Substituant cette valeur dans la formule précédente et posant :

$$B_n = \int_0^b \frac{x^i \cdot dx}{\sqrt{bx - x^2}}, \qquad \text{et} \qquad A_n = \frac{1.3.5\ldots(2n-1)}{2.4.6\ldots 2n},$$

on aura :

$$t = \frac{1}{2} \sqrt{\frac{l}{g}} \left[B_0 + \frac{1}{2} \cdot A_1 B_1 + \left(\frac{1}{2}\right)^2 \cdot A_2 B_2 + \ldots \left(\frac{1}{2}\right)^n \cdot A_n B_n \right].$$

Il s'agit, à présent, de trouver les quantités B_0, B_1.... B_n. Or :

$$\int \frac{x^n \cdot dx}{\sqrt{bx - x^2}} = - \int \frac{x^{n-1} \left(\frac{b}{2} - x\right) dx}{\sqrt{bx - x^2}} + \frac{b}{2} \int \frac{x^{n-1} \cdot dx}{\sqrt{bx - x^2}}. \quad (1)$$

Mais :

$$\int \frac{x^{n-1}\left(\frac{b}{2} - x\right) dx}{\sqrt{bx - x^2}} = x^{n-1} \sqrt{bx - x^2} + (n-1) \int \frac{x^n \cdot dx}{\sqrt{bx - x^2}};$$

d'où, en substituant dans (1) et réduisant, on obtient :

$$\int \frac{x^n \cdot dx}{\sqrt{bx - x^2}} = - \frac{x^{n-1} \cdot \sqrt{bx - x^2}}{n} + b \cdot \frac{2n-1}{2n} \int \frac{x^{n-1} \cdot dx}{\sqrt{bx - x^2}};$$

et si l'on intègre entre les limites o et b, cette équation devient :

$$B_n = \frac{2n-1}{2n} \cdot b \cdot B_{n-1}; \qquad (2)$$

d'ailleurs :

$$\int \frac{dx}{\sqrt{bx - x^2}} = \text{arc. cos.} \frac{b - 2x}{b};$$

donc :

$$B_0 \int_0^b \frac{dx}{\sqrt{bx - x^2}} = \pi.$$

Par suite, en appliquant la formule (2), on a :

$$B_1 = \frac{1}{2} . b\pi$$

$$\cdots\cdots\cdots$$
$$\cdots\cdots\cdots$$
$$\cdots\cdots\cdots$$

et en général :

$$B_n = \frac{1.3.5\ldots(2n-1)}{2.4.6\ldots2n} . b^n . \pi.$$

La valeur de t devient alors :

$$t = \frac{\pi}{2} \sqrt{\frac{l}{g}} \left| 1 + \left(\frac{1}{2}\right)^2 \left(\frac{b}{2}\right) + \right.$$

$$\left. + \left(\frac{1.3}{2.4}\right)^2 \left(\frac{b}{2}\right)^2 + \ldots \left(\frac{1.3.5\ldots(2n-1)}{2.4.6\ldots2n}\right)^2 . \left(\frac{b}{2}\right)^n + \ldots \right|;$$

d'où, pour une oscillation entière :

$$T = \pi \sqrt{\frac{l}{g}} \left| 1 + \left(\frac{1}{2}\right)^2 \left(\frac{b}{2}\right) + \right.$$

$$\left. + \left(\frac{1.3}{2.4}\right)^2 . \left(\frac{b}{2}\right)^2 + \ldots \left(\frac{1.3.5\ldots2n-1}{2.4.6\ldots2n}\right)^2 \left(\frac{b}{2}\right)^n \ldots \right|.$$

Cette série est toujours convergente, car ses termes décroissent plus rapidement que ceux d'une progression par quotient dont la raison serait $\left(\frac{b}{2}\right)$. Or α étant compris entre 0 et π, sin. α est lui-même compris entre $+1$ et -1, et b entre 0 et 2 : donc $\dfrac{b}{2}$ est toujours plus petit que 1.

Supposons que l'oscillation soit seulement de quelques degrés, et qu'on puisse négliger sans erreur sensible la quatrième puissance de b, la formule se réduira à :

$$T = \pi \sqrt{\frac{l}{g}} \cdot \left(1 + \frac{b}{8}\right).$$

Or :

$$b = 1 - \cos.\alpha = \frac{\alpha^2}{1.2} + \frac{\alpha^4}{1.2.3.4} + \ldots$$

et, en négligeant $\alpha^4\ldots$:

$$T = \pi \sqrt{\frac{l}{g}} \left(1 + \frac{\alpha^2}{16}\right).$$

---

16. Mouvement des projectiles dans le vide.

Si l'on suppose qu'un point matériel d'une masse m parte d'un point O suivant une direction OM, avec une vitesse donnée v_0 ; il est assez évident de soi-même que le projectile ne sortira pas d'un plan vertical : mais du reste les formules ultérieures prouveront cette assertion.

En effet, prenant la verticale pour axe des z, le plan des xy sera horizontal, et on aura, en supposant g, l'intensité de la pesanteur constante :

$$X = 0, \quad Y = 0, \quad Z = -mg.$$

Les équations du mouvement deviendront :

$$\frac{d^2x}{dt^2} = 0, \qquad \frac{d^2y}{dt^2} = 0, \qquad \frac{d^2z}{dt^2} = -g.$$

Les deux premières donnent évidemment :

$$\frac{dx}{dt} = c, \qquad \frac{dy}{dt} = c';$$

d'où $x = ct + c_1$, $y = c't + c'_1$, et par suite $(x - c_1)c' = (y - c'_1)c.$

Cette dernière équation montre que la courbe est contenue dans un plan vertical; ainsi, rapportant la trajectoire à des axes rectangulaires situés dans son plan, l'axe des y étant vertical en sens inverse de la pesanteur, on a pour les équations du mouvement :

$$\frac{d^2x}{dt^2} = 0, \qquad \frac{d^2y}{dt^2} = -g.$$

Soit α_0 l'angle de l'impulsion primitive avec l'horizon. les deux composantes de la vitesse initiale, suivant les axes, seront $v_0 \sin.\alpha_0$, $v_0 \cos.\alpha_0$; d'où, en intégrant les équations précédentes et remplaçant les constantes par les valeurs des composantes de la vitesse initiale, il vient :

$$\frac{dx}{dt} = v_0 \cos.\alpha_0, \qquad \frac{dy}{dt} = v_0 \sin.\alpha_0 - gt.$$

En faisant une nouvelle intégration et remarquant que pour

$$t = 0, \qquad y = 0, \qquad x = 0,$$

on a :

$$x = v_0 \cos.\alpha_0\, t, \qquad y = v_0 \sin.\alpha_0\, t - \frac{gt^2}{2}, \qquad (1)$$

l'élimination de t donnera :

$$y = x \operatorname{tg}.\alpha_0 - \frac{g x^2}{2 v_0{}^2 \cos.{}^2\alpha_0}. \qquad (2)$$

Cette équation est celle d'une parabole que décrit le mobile ; le sommet de cette courbe peut être trouvé immédiatement en remarquant qu'en ce point la vitesse verticale est nulle, donc :

$$\frac{dy}{dt} = - gt + v_0 \sin.\alpha_0 = 0.$$

Tirant de cette relation la valeur de t et la reportant dans l'équation (1), on aura les coordonnées du sommet :

$$x' = \frac{v_0{}^2 \sin.2\alpha_0}{2g}, \qquad y' = \frac{v_0{}^2 \sin.{}^2\alpha_0}{2g}.$$

Ce sont là les vraies coordonnées de la hauteur à laquelle monterait un corps lancé de bas en haut avec une vitesse $v_0 \sin \alpha_0$.

Le point A peut se trouver évidemment, à cause de la symétrie de la trajectoire, en doublant l'abscisse du sommet ; mais on l'aura aussi en posant $y = 0$ dans l'équation (2), ce qui donne :

$$x = 0, \qquad x = v_0{}^2 \frac{\sin.2\alpha_0}{2}.$$

C'est la portée du jet, elle deviendra maxima quand α_0 sera égal à 45° ; la vitesse en un point de la courbe a pour expression :

$$v^2 = \left(\frac{ds}{dt}\right)^2 = \left(\frac{dx}{dt}\right)^2 + \left(\frac{dy}{dt}\right)^2,$$

et qui devient dans ce cas-ci :

$$v^2 = v_0^2 - 2g\left(v_0 \sin. \alpha_0\, t - \frac{gt^2}{2}\right) = v_0^2 - 2gy\,;$$

par suite :

$$mv^2 - mv_0^2 = -2mgy.$$

Ce qui prouve que la force vive ne dépend que de la hauteur verticale parcourue par le mobile.

Soit maintenant proposé de chercher sous quelle inclinaison il faut lancer le projectile, avec la vitesse v_0, pour qu'il passe par un point donné dont les coordonnées sont h, K, on aura alors :

$$\text{K} = h\,\text{tg}.\alpha_0 - \frac{gh^2}{2v_0^2 \cos.^2\alpha_0}, \text{ d'où } \text{tg}.\alpha_0 = \frac{v_0^2 + \sqrt{v_0^4 - 2v_0 gk - g^2 h^2}}{gh}.$$

---

17. Étant données les circonstances initiales du mouvement relatif de deux points qui s'attirent en raison inverse du carré de la distance, déterminer : 1° la position du plan de l'orbite décrite par un de ces points ; 2° la nature de l'orbite, son demi-grand axe et son excentricité.

Soit f l'attraction à l'unité de distance dans les masses qui sont égales à l'unité ; si M et m sont les masses des deux points mobiles, la force attractive qui les sollicite sera $\dfrac{f.\text{M}.m}{r^2}$, r étant la distance mutuelle de ces deux points.

La force accélératrice qui sollicite le premier point sera

donc $\dfrac{fm}{r^2}$, et celle qui sollicite le second $\dfrac{fM}{r^2}$; or, d'après le principe des mouvements relatifs, on n'altère nullement celui qui existe entre les deux points donnés, en leur appliquant une même force accélératrice $\dfrac{fm}{r^2}$ qu'on peut supposer dirigée en sens contraire de celle qui sollicite le premier point ; alors ce point pourra être considéré comme fixe, puisqu'il sera soumis à l'action de deux forces qui se détruisent continuellement, et alors l'autre point mobile sera considéré comme sollicité par une force totale $\dfrac{f(M+m)}{r^2}$. L'intensité de cette force à l'unité de distance sera donc $f(M+m)$, et posant $f(M+m) = \mu$, on aura :

$$\frac{\mu}{r^2} = \frac{K^2}{r^2}\left(\frac{1}{r} + \frac{d^2 \cdot \left(\frac{1}{r}\right)}{d\theta^2} \right),$$

d'où :

$$\frac{d^2\left(\frac{1}{r}\right)}{d\theta^2} + \frac{1}{r^2} = \frac{\mu}{K^2} ;$$

et si on pose :

$$\frac{1}{r} = z + \frac{\mu}{K^2},$$

on a :

$$\frac{d^2\left(\frac{1}{r}\right)}{d\theta^2} = \frac{d^2 z}{d\theta^2},$$

et par suite :

$$\frac{d^2 z}{d\theta^2} = - z ;$$

ou intégrant :

$$\left(\frac{dz}{d\theta}\right)^2 = c - z^2 ;$$

d'où :

$$d\theta = - \frac{dz}{\sqrt{c - z^2}},$$

et intégrant de nouveau et désignant par ω la constante :

$$\theta - \omega = \mathrm{arc.cos.}\frac{z}{c} \quad \text{ou} \quad z = \sqrt{c}\,\cos.(\theta - \omega) ;$$

et remplaçant z par sa valeur, il vient :

$$\frac{1}{r} = \frac{\mu}{K^2} + \sqrt{c}\,\cos.(\theta - \omega) ;$$

posant :

$$\frac{\mu}{K^2} = \frac{1}{p}, \quad \sqrt{c} = \frac{e}{p},$$

l'équation devient :

$$\frac{1}{r} = \frac{1 + e\cos.(\theta - \omega)}{p}.$$

Cette équation est celle d'une section conique dont le foyer est à l'origine et dont l'axe fait un angle ω avec l'axe polaire. Réciproquement, quelles que soient les circonstances initiales du mouvement, c'est-à-dire les constantes μ, K et ω, la courbe décrite sera une section conique. Pour déterminer la nature de la trajectoire dans les différents cas qui peuvent se présenter, il faut évaluer les constantes k, c, e et p en fonction de la vitesse initiale, de la direction de cette vitesse, et enfin de la distance primitive des deux mobiles à l'origine du mouvement. Or on verra facilement que les composantes, en chaque point de la vitesse suivant le rayon vecteur et une perpendiculaire à ce rayon, sont :

$$v \cos.\varepsilon = \frac{dr}{d\theta}, \quad v \sin.\varepsilon = \frac{rd\theta}{dt},$$

ε étant l'angle formé par le rayon vecteur avec la ligne qui joint les deux mobiles, or on a :

$$r^2 d\theta = Kdt, \quad \text{d'où} \quad K = r.\frac{rd\theta}{dt};$$

donc :

$$K = r.v.\sin.\varepsilon.$$

Pour obtenir c on prendra l'équation :

$$\left(\frac{dz}{d\theta}\right)^2 + z^2 = c,$$

on a posé :

$$z = \frac{1}{r} - \frac{\mu}{K^2} \qquad (1);$$

on a donc :

$$\frac{dz}{d\theta} = -\frac{\dfrac{dr}{d\theta}}{r^2}.$$

L'équation (1) devient alors :

$$\frac{1}{r^4}.\left(\frac{dr}{d\theta}\right)^2 + \left(\frac{1}{r} - \frac{\mu}{K^2}\right)^2 = C,$$

d'où :

$$C = \frac{\cos.^2\varepsilon}{r^2 \sin.^2\varepsilon} + \left(\frac{1}{r} - \frac{\mu}{K^2}\right)^2.$$

Il reste maintenant à calculer c et p, or on a

$$p = \frac{K^2}{\mu} = \frac{r^2 \cdot v^2 \cdot \sin.^2\varepsilon}{\mu},$$

et :

$$\sqrt{c} = \frac{e}{p},$$

d'où :

$$1 - cp^2 = 1 - e^2 = 1 - \frac{K^4}{\mu^2}\left[\frac{\cos.^2\varepsilon}{r^2 \sin.^2\varepsilon} + \left(\frac{1}{r} - \frac{\mu}{K^2}\right)^2\right];$$

et en effectuant les calculs et remplaçant K par sa valeur dans la parenthèse, il vient :

$$1 - e^2 = \frac{K^2}{\mu r}\left(2 - \frac{r \cdot v^2}{\mu}\right).$$

En réunissant les résultats obtenus, on a les formules suivantes :

$$K = r \cdot v \cdot \sin.\varepsilon,$$

$$C = \frac{\cos.^2\varepsilon}{r \sin.^2\varepsilon} + \left(\frac{1}{r} - \frac{\mu}{K^2}\right)^2,$$

$$p = \frac{r^2 \cdot v^2 \cdot \sin.^2\varepsilon}{\mu},$$

$$1 - C^2 = \frac{K^2}{\mu r}\left(2 - \frac{r \cdot v^2}{\mu}\right).$$

On peut supposer que les quantités r, v, ε soient le rayon vecteur à l'origine du mouvement, la vitesse initiale du mobile et l'angle que fait la direction de cette vitesse avec le rayon vecteur. Cela posé, on voit que la différence $(1 - l^2)$ sera plus grande, plus petite ou égale à zéro, selon que $\left(2 - \frac{r \cdot v^2}{\mu}\right)$ sera lui-même dans les mêmes conditions : dans le premier cas on aura une hyperbole, dans le second une ellipse et dans le troisième une parabole.

Cette condition peut s'écrire $\dfrac{2\mu}{r^2} >$, $<$ ou $= \dfrac{v^2}{r}$; or la masse du point mobile étant m, on aura pour relation : $\dfrac{2m.\mu}{r^2} >$, $<$ ou $= \dfrac{m.v^2}{r}$. Si la vitesse initiale est perpendiculaire au rayon vecteur, la force centrifuge qui anime le mobile sera $\dfrac{mv^2}{r}$; r étant dans cette hypothèse le rayon de courbure de la courbe. D'ailleurs $\dfrac{m.\mu}{r}$ est l'intensité de l'attraction à la distance r; donc, suivant que le double de la force attractive sera plus grande ou plus petite que cette force centrifuge *fictive* dont on vient de parler, ou égale à cette force, la trajectoire sera hyperbolique, elliptique ou parabolique.

Cette condition ne dépend nullement de la vitesse initiale; en supposant que la courbe décrite soit une ellipse, on aura :

$$p = \frac{b^2}{a} = a(1 - e^2) \qquad \text{d'où} \qquad \frac{1}{a} = \frac{1 - e^2}{p}$$

ou

$$\frac{1}{a} = \frac{K^2}{r^3 . v^2 . \sin.^2 \varepsilon} \left(2 - \frac{r . v^2}{\mu} \right);$$

d'où remplaçant k par sa valeur, on a :

$$\frac{1}{a} = \frac{1}{r} \left(2 - \frac{r . v^2}{\mu} \right).$$

Le grand axe de l'ellipse décrite ne dépend pas non plus de la direction de la vitesse initiale.

18. **Détermination de la masse d'une planète accompagnée d'un satellite.**

Regardant le soleil et les planètes comme sensiblement sphériques, dans ce qui suit on supposera leur masse réunie à leurs centres de gravité respectifs.

Soient M la masse du soleil, m celle d'une planète accompagnée d'un satellite, m' celle de ce dernier, $2a$ et $2a'$ les grands axes des orbites de la planète et de son satellite, T et T' les temps de leurs révolutions. Les forces qui produisent leurs mouvements sont respectivement :

$$f(\mathrm{M}+m), \qquad f(m+m');$$

donc :

$$\frac{4\pi^2 a^3}{\mathrm{T}^2}=f(\mathrm{M}+m), \qquad \frac{4\pi^2 a'^3}{\mathrm{T}'^2}=f(m+m'),$$

et par conséquent :

$$\frac{a^3}{a'^3}\cdot\frac{\mathrm{T}'^2}{\mathrm{T}^2}=\frac{\mathrm{M}+m}{m+m'}.$$

Or, en général, m et m' peuvent être négligés devant M et m, on aura ainsi la formule

$$\frac{a^3}{a'^3}\cdot\frac{\mathrm{T}'^2}{\mathrm{T}^2}=\frac{\mathrm{M}}{m};$$

d'où l'on conclura le rapport $\dfrac{\mathrm{M}}{m}$. On aura ainsi les valeurs approchées des masses des planètes qui ont des satellites, et par suite les rapports de ces masses entre elles.

Cette méthode ne peut être appliquée à la terre, car la masse de la lune n'est pas négligeable dans ce cas, mais on arrive à la solution du problème de la manière suivante. En admettant que, par des mesures prises à la surface de la terre, on ait trouvé l'intensité G de l'attraction du sphéroïde terrestre sur l'unité des masse, on a :

$$G = f \cdot \frac{m}{r^2}; \qquad \text{or} \qquad \frac{4\pi^2 a^3}{T^2} = f(M + m);$$

et en éliminant f entre ces deux équations, il vient (r étant le rayon de la terre) :

$$\frac{M}{m} = \frac{4\pi^2 a^3}{G \cdot r^2 \cdot T^2} - 1.$$

T étant évalué en secondes, puisque la seconde a été prise comme unité de temps.

L'analyse montre que G doit être observé sur le parallèle de latitude satisfaisant à l'équation $Sm^2\lambda = \dfrac{1}{3}$, λ étant la latitude de ce parallèle. On se sert, à cet effet, du pendule, et il faut, en outre, corriger le résultat obtenu de l'effet dû à la force centrifuge, et alors on a G = 9,81645.

---

19. Calcul de la pression exercée sur une courbe par une masse qui se meut le long de cette courbe.

Soient m la masse qui se meut le long de la courbe donnée, R la force de résistance de cette courbe, cette force lui sera normale en son point d'application.

α, β, γ, étant les angles que la force R fait avec les axes coordonnés, les équations de mouvement du mobile seront :

$$(1) \quad \begin{cases} m \dfrac{d^2x}{dt^2} = X + R\cos.\alpha_1, \\[2mm] m \dfrac{d^2y}{dt^2} = Y + R\cos.\beta_1, \\[2mm] m \dfrac{d^2z}{dt^2} = Z + R\cos.\gamma, \end{cases}$$

et comme la force R est perpendiculaire à la courbe au point (x, y, r), on doit avoir :

$$(2) \quad \begin{cases} \dfrac{dx}{dt}\cos.\alpha + \dfrac{dy}{dt}\cos.\beta + \dfrac{dz}{dt}\cos.\gamma = 0 \\[2mm] \cos.^2\alpha + \cos.^2\beta + \cos.^2\gamma = \theta. \end{cases}$$

En éliminant $\cos \alpha$, $\cos \beta$, $\cos \gamma$ et R entre les cinq équations que comprennent les systèmes (1) et (2), on arrivera à une équation finale qui fixera la position du mobile.

D'abord puisque par l'introduction de la force R, le mobile est entièrement libre, la force tangentielle sera :

$$m \cdot \frac{dv}{dt} = m \cdot d \cdot \left(\frac{\left(\dfrac{ds}{dt}\right)}{dt} \right) = m \cdot \frac{d^2s}{dt^2},$$

ou :

$$m \cdot \frac{dv}{dt} = P \cdot \cos.\varphi,$$

φ étant l'angle que la force P fait avec la tangente au point (x, y, r).

Soit S la force normale agissant comme résultante des deux forces R et Q; Q étant la composante de la force P qui agit sur la masse m, normalement à la tangente, et dans le plan même de cette droite.

Comme la force R est normale à la courbe, la force S, résultante des deux forces Q et R, est la mesure de la pression exercée sur la courbe, et en la prenant en signe contraire on obtiendra précisément la valeur de la force R. qui n'est autre chose que la résultante de la force Q du mobile et de la force centrifuge S.

Soit pris pour plan des xy le plan des forces Q et S; si a et a', b et b' désignent les angles de ces deux forces avec deux axes rectangulaires, et que x_1, y_1 soient les coordonnées du point que l'on considère, on aura pour les composantes de R selon les axes :

$$S\cos.a + Q\cos.a' = R\cos.a'', \quad S\cos.b + Q\cos.b' = R\cos.b''.$$

(a'' et b'' sont les angles de la force R avec les axes).

D'où élevant un carré, ajoutant et remarquant que :

$$\cos.^2 a'' + \cos.^2 b'' = 1,$$

il vient :

$$R = \sqrt{(S\cos.a + Q\cos.a')^2 + (S\cos.b + Q\cos.b')^2},$$

ou :

$$R = \sqrt{Q^2 + S^2 + QS(\cos.2a + \cos.2b)},$$

expression qu'il s'agissait de déterminer.

---

20. Loi du mouvement d'un treuil soumis a l'action de deux poids, l'un descendant et l'autre montant.

On entend par treuil une machine composée de deux cylindres de rayons inégaux, qui font corps ensemble et tournent autour de leur axe commun, les deux cylindres agissant sur les masses m et m' qui leur sont attachées par les cordons.

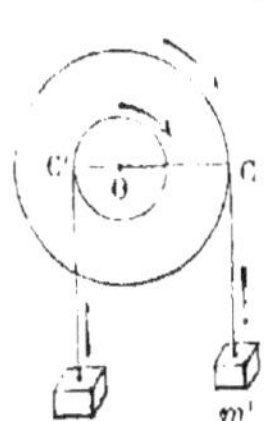

Prenant pour axe des z l'axe de rotation, et pour axe des y la direction de la pesanteur.

(La figure indique la projection du treuil sur le plan des XY, le mouvement ayant lieu dans le sens de la flèche.)

Le treuil tourne librement autour de l'axe des z, ainsi donc si à un instant donné on rend invariables les distances de toutes les parties du système, les forces perdues, devront se faire équilibre d'après le principe de d'Alembert, et l'on aura entre elles la relation :

$$\Sigma \left[X \left(Y - \mu \, \frac{d^2y}{dx^2} \right) - Y \left(X - \mu \, \frac{d^2x}{dt^2} \right) \right]$$

ou :

$$\Sigma(xY - yX) = \Sigma \mu \left(x \, \frac{d^2y}{dt^2} - y \, \frac{d^2x}{dt^2} \right),$$

X et Y étant les forces appliquées au système, et $\mu \, \dfrac{d^2x}{dt^2}$, $\mu \, \dfrac{d^2y}{dt^2}$ les forces accélératrices dues à X et à Y et aux masses m et m'. D'après cette équation, la somme des moments des forces accélératrices par rapport à l'axe de rotation sera égale à la somme des moments des forces qui font mouvoir le treuil.

Les premières se composent :

1° Des forces accélératrices qui animent les divers points du treuil; partageons la masse μ du treuil en éléments infiniment petits $d\mu$, la somme des moments qui animent tous ces éléments sera $\int d\mu \left(x \, \dfrac{d^2y}{dt^2} - y \, \dfrac{d^2x}{dt^2} \right)$.

2° Des forces accélératrices qui proviennent des poids m et m', soient v et v' les vitesses de ces deux masses, posons $oc = r$, $oc' = r'$, les moments de m et m' sont positifs, puisque ces poids tendent tous deux à faire tourner le système de gauche à droite, et ces moments seront : $+ m . \dfrac{dv}{dt} . r$,

$+ m' \dfrac{dv'}{dt} . r'$.

Les forces motrices du treuil sont les masses m et m', leurs moments seront par conséquent $+ m . g . r$, $- m' . g . r'$.

Le système est, en outre, soumis à l'action des poids de ses diverses parties, mais le treuil étant supposé parfaitement symétrique par rapport à son axe, il s'ensuit que les actions résultant de ces poids seront égales 2 à 2 et de signes contraires, et par suite se détruiront continuellement, on aura donc :

$$(1) \quad \int d\mu \left(x \frac{d^2y}{dt^2} - y \frac{d^2x}{dt^2} \right) + m . r . \frac{dv}{dt} + m' . r' . \frac{dv'}{dt}$$
$$= m . r . g - m' . r' . g ;$$

or

$$x \frac{d^2y}{dt^2} - y \frac{d^2x}{dt^2} = \frac{d}{dt} \left(\frac{xdy - ydx}{dt} \right) = \frac{d}{dt} \left(\rho^2 \frac{d\theta}{dt} \right)$$

en passant aux coordonnées polaires.

Mais $\dfrac{d\theta}{dt} = \omega$ ou le mouvement de rotation angulaire, donc :

$$\rho^2 \frac{d\theta}{dt} = \rho^2 \omega ,$$

d'où :

$$\frac{d}{dt} \left(\rho^2 \frac{d\theta}{dt} \right) = \frac{d}{dt} (\rho^2 \omega) = \rho^2 . \frac{d\omega}{dt}.$$

on a d'ailleurs :

$$v = r\omega . \quad v' = r'\omega ;$$

donc :

$$\frac{dv}{dt} = r . \frac{d\omega}{dt}, \qquad \frac{dv'}{dt} = r' . \frac{d\omega}{dt}.$$

En substituant ces valeurs dans l'équation (1), elle devient :

$$\frac{d\omega}{dt}\left[\int \rho^2 d\mu + mr + m'r'\right] = (mr - m'r')g ;$$

d'où :

$$\frac{d\omega}{dt} = \frac{(mr - m'r')g}{\int \rho^2 d\mu + mr + m'r'}.$$

L'accélération est donc constante, puisqu'elle est égale à $\frac{d\omega}{dt}$, dont la valeur ne renferme que des constantes ; de plus, la vitesse angulaire est proportionnelle au temps. On conclut de là :

Que le mouvement du treuil est uniformément varié : on peut remarquer que le dénominateur $\int \rho^2 d\mu + mr + m'r'$ est la somme des moments d'inertie de toutes les parties du système par rapport à l'axe de rotation, en supposant toutefois que les masses m et m' soient transportées aux points c et c'.

24. CALCULER L'EFFET UTILE D'UNE ROUE HYDRAULIQUE.

L'eau qui agit sur un récepteur quelconque vient d'un canal d'amont ou bief supérieur, et s'écoule ensuite dans un canal d'aval ou bief inférieur. Soient :

H la différence de niveau entre deux points donnés peu éloignés du récepteur; P, le poids de l'eau dépensée par secondes; ω, la section du courant; V, la vitesse du courant; enfin Y, la distance du centre de gravité de la section d'amont à la surface supérieure. ω', V', Y représentant les quantités correspondantes à la section d'aval, si l'on considère le système liquide compris entre les deux sections, et que θ soit le temps dans lequel il passe de cette position à une position voisine, l'accroissement de force vive sera :

$$\frac{P\theta}{2g}\,(V'^2 - V^2),$$

ce qui est égal au travail des forces extérieures des actions moléculaires.

Les forces extérieures sont :

1° La pression d'amont qui, en négligeant la pression atmosphérique, a pour intensité $\Pi Y\Omega$, ce qui produit un travail $\Pi . Y . \Omega . V . \theta$ ou $P . Y . \theta$;

2° La pression d'aval, dont le travail est $PY'\theta$;

3° L'action de la pesanteur, dont le travail est $P\theta\,(\Pi - Y' + Y)$;

4° Les réactions que le récepteur exerce sur le liquide qui sont égales et contraires aux pressions, exercées par le liquide sur le récepteur, ce travail sera $\theta . T_m$.

A ces quatre quantités, il faut ajouter le travail des actions moléculaires de l'eau entre les deux sections d'aval et d'amont, et le travail des frottements extérieurs sur le même liquide, dont la somme est égale à $- \theta T_f$., on aura donc :

$$P\left(\frac{V'^2}{2g} - \frac{V^2}{2g}\right) = P\Pi - T_m - T_f ;$$

d'où :

$$T_m = P\left(\Pi + \frac{V^2 - v'^2}{2g}\right) = T_f.$$

T_f dépendra entièrement des conditions de la question, et ne pourra être déterminé que dans chaque cas particulier. Le travail utile T_m est toujours moindre que la puissance absolue de la chute d'eau qui est représentée par $P\left(H + \dfrac{V^2 - V'^2}{2g}\right) = P.$, dont la dépense est P kilogrammes par seconde et la hauteur H mètres. La dernière équation pourra donc s'écrire :

$$T_m = P - T_f.$$

La formule ci-dessus est générale, mais on préfère souvent, dans la pratique, des formules expérimentales plus simples, quoique souvent moins exactes.

Voici quelques formules pratiques données par M. Morin :

Soient Q le volume d'eau dépensé en 1″, exprimée en mètres cubes ; V, la vitesse d'arrivée du filet moyen sur la roue ; v, la vitesse de la circonférence extérieure de la roue ; a, l'angle des directions des deux vitesses ; et H la hauteur de la chute d'eau.

Roues en dessous : 1° à palettes planes :

$$T_m = 61 \cdot Q(V - v)v^{km}.$$

Roues en dessous : 2° emboîtées dans un coursier circulaire :

$$T_m = 750 \cdot Q\left(H + \frac{V\cos.a - v}{g}\right)^{km}.$$

Roues en dessous : 3° à aubes courbes de M. Poncelet :

$$T_m = 132,5 \cdot Q(V - v)v^{km}.$$

Roues en dessus : à augets à petite vitesse, dont les augets ne sont remplis qu'à moitié :

$$T_m = 780 \cdot Q \cdot H + 102Q(V\cos.a - v)v^{km}.$$

Turbines de M. Fourneyron :

$$T_m = 0,70QH.$$

22. Calculer le travail développé par un poids donné de vapeur dans une machine donnée.

L'unité de volume d'eau développée en vapeur à la température $t°$ et sous la pression p, produit un volume :

$$V = 1700 \cdot \frac{1 + 0,000366t}{1,366} \cdot \frac{1,033}{p} = 1287 \cdot \frac{1 + 0,00366t}{p},$$

puisque à 100° le volume d'un poids donné d'eau réduite en vapeur est 1700 fois plus grand qu'à l'état liquide : donc on aura pour la force mécanique F, développée par un centimètre cube d'eau élevée à la température t, sous la pression p :

$$F = p \cdot 1287 \frac{1 + 0,00366t}{p} = 1287\,(1 + 0,00366t).$$

Cette formule donne l'effet mécanique produit par la simple vaporisation de l'eau.

Si on suppose la machine à détente, il est facile de calculer l'effet mécanique produit ; pour cela, soit V le volume occupé par la vapeur dans le corps de pompe avant l'expansion, au moment où on interrompt la communication avec les générateurs, p la force élastique correspondante qui fait équilibre à la charge du piston, y compris la pression atmosphérique, si on laisse alors la vapeur se détendre, elle viendra occuper un certain volume x, et la tension correspondante p' sera :

$$p' = p \cdot \frac{V}{x}.$$

Si on admet que cette tension continue à agir en restant

sensiblement la même pendant un parcours infiniment petit dx du piston. l'effet mécanique gagné par cette détente sera :

$$p'dx = p \cdot \frac{V}{x} dx. \qquad (1)$$

Pour avoir l'effet mécanique total produit par la détente de la vapeur, depuis l'instant où elle occupait le volume V jusqu'au moment où elle remplit le volume x, il faudra prendre l'intégrale de (1) entre les limites V et x, l'on aura :

$$F = \int_V^x p \frac{V}{x} dx = pV \cdot \log. \frac{x}{V}. \qquad (2)$$

En supposant que le volume de la vapeur avant la détente soit au volume qu'elle occupe après dans le rapport $\frac{1}{n}$, on aura $x = nV$; et en remplaçant V par sa valeur, il viendra :

$$F = 1287(1 + 0,00366t) \log. n. \qquad (3)$$

Tel est l'effet mécanique produit par la détente seule.

En réunissant les effets dus à la vaporisation directe et à la détente, on aura pour le travail total obtenu, par mètre cube d'eau réduite en vapeur et agissant en partie par détente :

$$T = 1287(1 + 0,00366t)(1 + \log. n)^{\text{kgm}}.$$

Il reste maintenant à considérer une machine où, en outre de la détente, il y ait condensation.

Dans une machine à détente, il est nécessaire, pour

donner un certain développement à l'expansion, d'augmenter sensiblement la course du piston ; il faut donc tenir compte, sur une plus grande échelle, des pertes dues au frottement du piston sur les parois du cylindre et à la résistance de la vapeur non condensée qui reste encore de l'autre côté du piston : la perte d'effet résultant de la petite quantité de vapeurs non condensées est évidemment :

$$1287(1 + 0,003666t) \cdot \frac{p'}{p},$$ p' étant la force élastique de la vapeur non condensée. La perte due aux frottements du piston sera de même : $$1287(1 + 0,003666t)\frac{f}{p},$$ f étant l'intensité du frottement supposée constante dans toute l'étendue de la course.

L'effet mécanique total d'un mètre cube d'eau vaporisée dans une machine à détente et à condensation sera donc, en désignant par K un coefficient constant plus petit que l'unité, par lequel il faudra, dans la pratique, multiplier le résultat théorique, en raison des pertes de vapeur dans des espaces inutiles, ou par toute autre cause, sera :

$$T = 1287(1 + 0,003666t)\left[1 + \log . n - \frac{n(p' + f)}{p}\right]K. \quad (4)$$

Puisque l'effet mécanique augmente avec l'étendue de la détente, et que d'un autre côté la résistance provenant d'une condensation incomplète croît avec cette étendue, il doit y avoir nécessairement un certain degré d'expansion qui donne le maximum d'effet ; pour trouver ce maximum, il suffit de rendre maxima l'expression :

$$\log . n - \frac{n(p + f)}{p}.$$

en différentiant, on a :

$$\frac{1}{n} - \frac{p' + f}{p} = 0,$$

d'où :

$$n = \frac{p}{p' + f}$$

Remplaçant n par cette valeur dans la formule (4), on a pour le maximum d'effet de 1 mètre cube d'eau vaporisée dans une machine à détente et à condensation :

$$T'' = 1287(1 + 0,00366t) \log.\left(\frac{p}{p' + f}\right) K.$$

---

23. Calculer la pression exercée par un liquide sur une paroi plane, horizontale, verticale ou inclinée.

Une paroi étant plongée dans une masse liquide, si on en considère un élément quelconque en n'ayant égard qu'à la pression due au liquide, cet élément sera normalement pressé par une force égale au poids d'une colonne liquide dont il sera la base, et qui aura pour hauteur sa distance à la surface libre du fluide. Composant entre elles ces diverses forces qui agissent sur la paroi plane, elles auront toujours une résultante unique qui sera appliquée en un point de la paroi qui s'appelle centre de pression.

La recherche de ce centre, dans le cas des parois planes, n'est autre chose que la recherche du centre des forces parallèles ; et le centre de pression sera toujours au-dessous du centre de gravité, car les pressions vont en croissant à

mesure qu'on s'enfonce dans l'intérieur de la masse liquide.
Quant à la pression totale exercée sur une paroi plane, elle
est facile à évaluer ; en effet, soit $d\omega$ un élément de cette
surface, z, sa distance à la surface libre, la pression subie
par cet élément $d\omega$ sera :

$$p = \rho \cdot g \cdot z \cdot d\omega + c d\omega,$$

$c d\omega$ étant la pression extérieure.

ρ est ici la densité du liquide et g l'intensité de la pesanteur. La somme des pressions élémentaires ou la pression
totale exercée sur la paroi sera donc :

$$P = \rho \cdot g \cdot \int z d\omega + \int c d\omega = \rho \cdot g \cdot \omega \cdot z_1 + c\omega.$$

en appelant z_1 la distance verticale du centre de gravité à
la surface.

Ainsi donc, la pression supportée par une paroi plane
quelconque est égale à la pression extérieure augmentée du
poids de liquide vertical, qui aurait cette paroi pour base
et pour hauteur la distance de son centre de gravité à la
surface libre du fluide. Cette pression conserve donc la
même valeur quand on fait tourner la paroi d'une manière
quelconque autour de son centre de gravité : la question
énoncée est ainsi ramenée à la recherche de ce centre de
gravité, que l'on obtient à l'aide des deux formules :

$$A x_1 = \int_{\alpha}^{\beta} (y'' - y') x \, dx, \qquad A y_1 = \frac{1}{2} \int_{\alpha}^{\beta} (y''^2 - y'^2) \, dx.$$

dans lesquelles A est l'aire de la paroi, x_1 y_1 les coordonnées du centre de gravité ; y' y'' les ordonnées des deux
limites, α et β les abscisses entre lesquelles on évalue
l'aire A.

24. Calculer la force maximum d'une presse hydraulique; comparer le travail moteur au travail utile (*Voir la préface*).

---

25. Calculer la hauteur d'une montagne d'après des observations barométriques.

Pour résoudre cette question, il faut trouver une relation qui lie la distance verticale de deux points aux pressions observées en ces deux points. Dirigeant l'axe des z vers le zénith de la 1re station, que l'on prendra pour origine de coordonnées, et supposant que d'une station à l'autre on puisse regarder la constitution atmosphérique comme constante sur une même zone concentrique à la surface de la terre, si p est la pression sur l'unité de surface d'une couche quelconque, on aura en faisant dans l'équation générale :

$$dp = \rho(X\,dx + Y\,dy + Z\,dz),$$

$$X = 0, \quad Y = 0, \quad Z = -g',$$

$$dp = -\rho g'\,dz. \qquad (1)$$

Soit g l'intensité de la pesanteur à la distance r du centre de la terre, à la distance $(r + z)$, on aura : $g' = \dfrac{gr^2}{(r + z)^2}$. D'ailleurs, la densité ρ est liée à la température et à la pression correspondantes, θ et p par la relation. $P = a\rho(1 + \alpha t)$. ($\alpha = 0,00366$ ou le coefficient des gaz, et a est un coefficient constant pour un même gaz, mais variable d'un gaz à l'autre ; il faut ajouter que α varie avec l'état hygrométrique de l'air, mais on reviendra plus tard sur ce point).

Reportant dans l'équation (1) les valeurs de p et q', il vient :

$$\frac{dp}{p} = \frac{a}{g} \cdot \frac{1 + at^0}{r} \cdot \frac{dz}{(r + z)^2}. \qquad (2)$$

Telle est la relation cherchée.

Dans ce qui précède, on a négligé la masse d'air comprise entre les deux stations, ainsi que la différence des forces centrifuges aux distances r et $(r + z)$. Enfin, pour tirer de la formule précédente par l'intégration la solution du problème, il faudrait connaître la loi de la température dans l'atmosphère.

Cette loi étant inconnue, on supposera que la température de la colonne d'air est constante et égale à la moyenne des températures aux deux stations extrêmes t et t', on posera donc : $\theta = \dfrac{t + t'}{2}$. Il faut encore remarquer que l'on n'a pas tenu compte de l'état hygrométrique de l'atmosphère ; la vapeur aqueuse qui s'y trouve en suspension a pour effet de diminuer la densité dans un plus grand rapport qu'il n'a été supposé : c'est à cause de cela et aussi en vue de la simplification du calcul que l'on prend pour a une valeur un peu trop considérable, cette valeur est $= $ à 0,004 ; par suite $a\theta = 2 \cdot \dfrac{t + t'}{1,000}$. Les hypothèses ci-dessus, et celles qui seront faites encore par la suite pour faciliter la solution sont, du reste, fort légitimes. En effet, d'une part, les observations qu'on doit faire ne peuvent être que plus ou moins approchées ; de l'autre, on est forcé d'admettre que l'état de l'atmosphère est sensiblement stable dans l'intervalle de deux observations, ce qui est peu probable. On ne peut donc pas espérer, alors même que la solution ma-

…hématique du problème aurait toute la rigueur désirable, de répondre des unités dans le résultat évalué en mètre.

En intégrant l'équation (2), il vient :

$$\log . p = \frac{gr^2}{a\left(1 + \frac{2(t + t')}{1000}\right)} \cdot \frac{1}{(r + z)} + \text{constante} ;$$

p sera ici la pression observée à la station supérieure.

Appelant Π la pression à la station inférieure, en faisant dans la relation ci-dessus $p = \Pi$ et $z = 0$, on a :

$$\log . \Pi = \frac{gr}{a\left(1 = \frac{2(t + t')}{1000}\right)} + \text{constante} ,$$

et en introduisant les logarithmes vulgaires dont le module $K = 0,434295\ldots\ldots$

$$\log . \left(\frac{\Pi}{p}\right) = K . \frac{g}{a} . \frac{1}{1 + \frac{2(t + t')}{1000}} \cdot \frac{z}{r + z} . \qquad (3)$$

Ce ne sont pas les pressions π et p que l'on observera directement, mais les hauteurs barométriques h, h' correspondantes, et si on suppose que les températures aux deux stations aient été T et T' qui peuvent différer de celle de l'air ambiant t et t', à cause du non-établissement parfait d'équilibre de température, si m et m' sont les densités relatives au mouvement, on aura :

$$\Pi = g.m.h, \quad p = g'.m'.h', \quad \text{or} \quad m' = m\left(1 + \frac{T - T'}{5550}\right) ;$$

en posant pour abréger $h'\left(1 + \frac{T - T'}{5550}\right) = h''$, il vient :

$$p = g'mh'' = \frac{gmh''r^2}{(r+z)^2}$$

et

$$\log. \frac{\Pi}{p} = \log. \frac{h}{h''} + 2\log.\left(1 + \frac{z}{r}\right).$$

Mettant cette valeur dans l'équation (3) et résolvant par rapport à z, on obtient :

$$z = \frac{a}{Kg}\left(1 + 2.\frac{t+t'}{1000}\right)\left| \log. h - \log. h'' + 2\log.\left(1 + \frac{z}{r}\right)\right|\left(1 + \frac{z}{r}\right).$$

ou

$$z = \frac{a}{Kg}\left(1 + 2.\frac{t+t'}{1000}\right)\left| \log. h - \log. h'\left(1 + \frac{T-T'}{5550}\right)\right.$$

$$\left. + 2\log.\left(1 + \frac{z}{r}\right)\right|\left(1 + \frac{z}{r}\right). \qquad (4)$$

Telle est la formule généralement employée qui demande correction parce qu'on a négligé la force centrifuge et la différence des distances au centre de la terre (g étant pris pour la latitude de Paris) de Paris et de la station inférieure, il faudrait, au lieu de $\dfrac{a}{Kg}$ écrire $\dfrac{a}{Kg_0}$ $(1 + 0,002837 \cos. 2\psi)$, ψ étant la latitude du lieu et g_0 la gravité non corrigée.

M. Ramond a trouvé pour $\dfrac{a}{Kg_0} = 18336^{\mathrm{m}}$.

Comme z se trouve dans les deux membres de l'équation (4), on résoudra cette question par approximations successives en partant de

$$z_1 = \frac{a}{Kg_0}\left[\log. h - \log. h' - \log.\left(1 + \frac{T-T'}{5550}\right)\right]\left(1 + 2\frac{t+t'}{1000}\right).$$

M. Ramond a aussi démontré que lorsque z est peu considérable, on pouvait se contenter de la formule suivante, qui est très-simple :

$$Z = 18393^m \left(1 + 2\,\frac{t+t'}{1000} \right) \log.\,\frac{h}{h''}.$$

On peut aussi employer la formule de M. Babinet.

$$Z = 16000^m \left(1 + 2\,\frac{t+t'}{1000} \right) \frac{h-h''}{h+h''}.$$

---

26. CALCULER LES DIMENSIONS ET LA PENTE D'UNE CONDUITE D'EAU OU D'UN CANAL D'APRÈS LE PRODUIT QU'ILS DOIVENT FOURNIR.

Si on suppose une masse d'eau continue passant dans un tuyau ou canal dont $a\,\alpha\,d$ peut représenter la section longitudinale, de manière qu'à mesure qu'elle s'écoule par la section transversale cd, elle soit immédiatement renouvelée à la section ab, en ne considérant qu'une partie déterminée du tuyau ou du lit, on posera les définitions :

V, vitesse moyenne à la section cd ;

D, diamètre de la section supposée uniforme ;

Q, dépense du tuyau ou du canal par seconde ;

ω, aire de la section transversale de la masse fluide ;

I, sinus de l'angle de pente du canal supposé rectiligne ;

λ, longueur de la partie du tuyau ou du canal dans laquelle on considère le mouvement :

ζ, différence de niveau des deux tranches extrêmes :

P, pression moyenne sur l'unité de surface en *ab* :

π, pression moyenne sur l'unité de surface en *cd* :

χ, périmètre de la section transversale ω qui est en contact avec la paroi liquide :

g, intensité de la pesanteur :

α et β, constantes expérimentales.

En considérant en premier lieu le cas des tuyaux de conduite cylindriques, le mouvement de l'eau étant supposé uniforme, on a pour déterminer la vitesse du liquide l'équation :

$$\alpha V + \beta V^2 = \frac{g \cdot j \cdot D}{i},$$

en posant pour abréger :

$$j = \frac{1}{\lambda}\left(\zeta + \frac{P - \pi}{g}\right).$$

et l'on a pour les valeurs des coefficients α et β :

$$\alpha = 0.00017, \qquad \beta = 0,003416.$$

or on a : $V = \dfrac{4Q}{\pi D^2}$, et en substituant cette valeur dans l'équation précédente et posant :

$$\alpha' = \frac{16 \cdot \alpha}{\pi \cdot g}, \qquad \beta' = \frac{64 \cdot \beta}{\pi^2 \cdot g},$$

on a :

$$jD^5 - \alpha' \cdot Q \cdot D^2 - \beta Q^2 = 0.$$

équation dans laquelle $\alpha' = 0.00008826S$, $\beta' = 0,002258305$.

Cette équation donnera une relation entre le diamètre

du tuyau et la dépense quand la longueur, la pente, les charges d'eau, etc., seront déterminées par les conditions particulières de la question.

On calculera les racines de cette équation par la méthode des différences.

Soit à envisager maintenant le cas des canaux découverts, on a les deux équations :

$$\alpha U + \beta V^2 = g \cdot l \cdot R,$$
$$U = \frac{Q}{\omega}.$$

Les valeurs de α et β étant : $\alpha = 0,000436$, $\beta = 0,003034$,

on en déduit $\dfrac{\alpha}{g} = 0,0000444499$, $\dfrac{\beta}{g} = 0.000\ 309\ 314$.

Éliminant U entre ces deux équations, il vient :

$$R\omega^2 - \frac{\alpha \cdot Q}{g \cdot l}\, \omega - \frac{\beta \cdot Q^2}{g \cdot l} = 0,$$

et on sait que :

$$R = \frac{\omega}{\chi}.$$

Cette équation contient quatre quantités ω, χ, l, Q, entre lesquelles elle établit un rapport qui permet d'en déterminer une quand on connaît les trois autres. Ainsi Q étant toujours fourni par la question, si l'on se donne ω et T, on aura :

$$\chi = \frac{g \cdot l \cdot \omega^3}{\alpha \cdot Q \cdot \omega + \beta Q^2};$$

au contraire, si c'est la pente que l'on demande, on aura :

$$I = \gamma \left(\frac{\alpha . Q . \omega + \beta . Q^2}{g . \omega^3} \right),$$

et enfin ω sera donné par l'équation :

$$\omega = \frac{\alpha \pm \sqrt{\alpha^2 + 4 . \beta . g . R . I}}{2g . R . I} . Q.$$

27. Résolution d'un triangle sphérique.

L'énoncé de cette question étant susceptible de deux hypothèses, puisque le triangle sphérique donné peut être rectangle ou obliquangle, il est nécessaire d'examiner successivement les six différents cas que présente la question dans chacune de ces hypothèses.

Triangles sphériques rectangles.

1er CAS. — Étant donnés l'hypoténuse a et un côté b de l'angle droit, calculer le troisième côté c et les deux angles obliques B,C. On a :

$$\cos.c = \frac{\cos.a}{\cos.b}, \quad \sin.B = \frac{\sin.b}{\sin.a}, \quad \cos.C \frac{\text{tg}.b}{\text{tg}.a}.$$

2e CAS. — Étant donnés les deux côtés b et c de l'angle droit, calculer l'hypoténuse a et les deux angles obliques B et C. On a :

$$\cos.a = \cos.b \cos.c, \quad \text{tg}.B = \frac{\text{tg}.b}{\sin.c}, \quad \text{tg}.C = \frac{\text{tg}.c}{\sin.b}.$$

3e CAS. — Étant donnés l'hypoténuse a et l'angle oblique B, calculer le deuxième angle c et les deux côtés b et c de l'angle droit. On a :

$$\sin.b = \sin.a\sin.B, \qquad \text{tg}.c = \text{tg}.a\cos.B, \qquad \text{tg}.C = \frac{\text{ctg}.B}{\cos.a}.$$

4e cas. — Étant donnés un côté b de l'angle droit et l'angle opposé B, calculer les côtés a et c ainsi que l'angle C. On a :

$$\sin.a = \frac{\sin.b}{\sin.B}, \qquad \sin.c = \frac{\text{tg}.b}{\text{tg}.B}, \qquad \sin.C = \frac{\cos.B}{\cos.b}.$$

5e cas. — Étant donnés le côté b et l'angle adjacent C, calculer l'angle B et les deux côtés a et c. On a :

$$\cos.B = \cos.b\sin.C, \qquad \text{tg}.a = \frac{\text{tg}.b}{\cos.C}, \qquad \text{tg}.c = \sin.b\text{tg}.C.$$

6e cas. — Étant donnés les deux angles obliques B et C, calculer les trois côtés a, b, c. On a :

$$\cos.a = \text{ctg}.B\text{ctg}C, \qquad \cos.b = \frac{\cos.B}{\sin.C}, \qquad \cos.c = \frac{\cos.C}{\sin.B}.$$

Des six cas précédents, un seul, le quatrième cas, donne lieu à discussion, puisque les trois inconnues a, c, C, étant données par leur sinus, sont susceptibles chacune de deux valeurs supplémentaires. Il faut donc examiner les valeurs qu'il s'agit de prendre ensemble.

D'abord si $b = $ B, on a :

$$\sin.a = \sin.c = \sin.C = 1, \qquad a = c = C = 90°,$$

et le triangle est birectangle. Soit donc b différent de B.

1° Si b est $< 90°$, pour que le problème soit possible, B doit être $< 90°$ et en même temps $b < $ B. Cette condition étant remplie : cos.b étant positif, l'équation cos.$a =$ cos.b cos.c montre que a et c sont de même espèce, c et C étant d'ailleurs aussi de même espèce. Si donc a', c', C' sont les valeurs inférieures à 90° que fournissent les tables pour a, c et C, on aura les deux solutions :

$$a = a', \qquad c = c', \qquad C = C'.$$
$$a = 180° - a', \qquad c = 180° - c', \qquad C = 180° = C'.$$

2° Si b est $> 90°$, il faut, pour que le problème soit susceptible d'une solution, qu'on ait B $> 90°$ et $b > $ B. Si on suppose cette condition remplie, comme cos.b est négatif, l'équation cos.$a = $ cos.b cos.c montre que a et c sont d'espèces différentes ; et comme c et C sont de même espèce, en désignant toujours par a', c' et C' les valeurs de a, c et C que les tables donnent, on obtiendra les deux solutions :

$$a = a', \qquad c = 180° - c' \qquad C = 180° - C'$$
$$a = 180° = a' \qquad c = c', \qquad C = C'.$$

Au reste, il était facile de voir, qu'excepté le cas de $b = $ B, le problème, dans le cas de possibilité, admettait toujours deux solutions.

Triangles sphériques obliquangles. — 1ᵉʳ CAS. Étant donnés les trois côtés a, b, c, calculer les trois angles A, B. C. On a :

$$\text{tg.}\tfrac{1}{2}A = \sqrt{\frac{\sin.(S - b)\sin.(S - c)}{\sin.S\sin.(S - a)}}.$$

$$\text{tg.}\tfrac{1}{2}B = \sqrt{\frac{\sin.(S - a)\sin.(S - c)}{\sin.S . \sin.(S - b)}},$$

$$\text{tg.}\tfrac{1}{2}C = \sqrt{\frac{\sin.(S - a)\sin.S - b)}{\sin.S\sin.(S - c)}}.$$

Dans ces trois formules le radical doit être pris positivement, puisque $\frac{1}{2}$ A, $\frac{1}{2}$ B, $\frac{1}{2}$ C sont $< 90°$.

2ᵉ cas. — Étant donnés deux côtés a et b, ainsi que l'angle A opposé à l'un d'eux, calculer le côté c et les angles B et C. On a :

$$(1) \qquad \sin B = \frac{\sin.b \, \sin.A}{\sin.a} \, ;$$

$$(2) \quad \cos.(C - \varphi) = \frac{\cos.a \, \cos.\varphi}{\cos.b} \quad \text{et} \quad \text{tg}.\varphi = \text{tg}.b \, \cos.A \, ;$$

$$\sin.c = \frac{\sin.C \, \sin.A}{\sin.a} \, :$$

ou

$$(3) \qquad \cos.(C - \psi) = \text{ctg}.a \, . \, \text{tg}.b \, \cos.\psi \quad \text{et} \quad \text{tg}.\psi = \frac{\text{ctg}.A}{\cos.b} \, .$$

Pour que le problème soit possible, il faut que les seconds membres de relations (1), (2) et (3) soient compris entre $+ 1$ et $- 1$. En admettant que cette condition soit remplie, on trouvera pour $C - \varphi$, et $C - \psi$ des valeurs comprises entre 0° et 180°, et pour B une valeur entre 0° et 90° soient B' c' C' des valeurs. On pourra satisfaire aussi aux équations ci-dessus, en prenant $B = 180° - B$, $c - \varphi = 180° - c'$, $C - \psi = 180° - C'$, et en effet, il peut y avior deux solutions. Au reste, on arrive aisément en discutant les différents cas qui se présentent d'après l'espèce des quantités A, a, b, dans le problème qui nous occupe, au tableau général suivant qui comprend tous les résultats possibles :

$$A < 90° \begin{cases} b < 90° \begin{cases} a < b \ \dots\dots\dots\dots \ \text{Deux solutions.} \\ a = b \ \dots\dots\dots\dots \ \text{Une solution.} \\ a > b, \text{ et } a + b < 180°. \ \dots \ \text{Une solution.} \\ a > b, \text{ et } a + b = \text{ou} > 180°. \ \text{Aucune solution.} \end{cases} \\ b > 90° \begin{cases} a < b, \text{ et } a + b < 180°. \ \dots \ \text{Deux solutions.} \\ a < b, \text{ et } a + b = \text{ou} > 180°. \ \text{Une solution.} \\ a = b, \text{ ou } a > b \dots\dots\dots \ \text{Aucune solution.} \end{cases} \end{cases}$$

$$A > 90° \begin{cases} b < 90° \begin{cases} a < b, \text{ ou } a = b \dots\dots\dots \ \text{Aucune solution.} \\ a > b, \text{ et } a + b > 180°. \ \dots \ \text{Deux solutions.} \\ a > b, \text{ et } a + b = \text{ou} < 180°. \ \text{Aucune solution.} \end{cases} \\ b > 90° \begin{cases} a < b, \text{ et } a + b > 180°. \ \dots \ \text{Une solution.} \\ a < b, \text{ et } a + b = \text{ou} < 180°. \ \text{Aucune solution.} \\ a = b \ \dots\dots\dots\dots \ \text{Une solution.} \\ a > b \ \dots\dots\dots\dots \ \text{Deux solutions.} \end{cases} \end{cases}$$

3ᵉ cas. — Étant donnés deux côtés a et b et l'angle compris C, calculer le côté c et les angles A et B. On a :

1ʳᵉ Méthode, par les analogies de Néper.

$$\text{tang.} \tfrac{1}{2}(A + B) = \frac{\cos. \tfrac{1}{2}(a - b)}{\cos. \tfrac{1}{2}(a + b)} \cdot \text{ctg.} \tfrac{1}{2}C ;$$

$$\text{tang.} \tfrac{1}{2}(A - B) = \frac{\sin. \tfrac{1}{2}(a - b)}{\sin. \tfrac{1}{2}(a + b)} \cdot \text{ctg.} \tfrac{1}{2}C ;$$

$$\text{tang.} \tfrac{1}{2}c = \frac{\cos. \tfrac{1}{2}(A + B)}{\cos. \tfrac{1}{2}(A - B)} \cdot \text{tang.} \tfrac{1}{2}(a + b) ;$$

ou
$$\text{tang.} \tfrac{1}{2}c = \frac{\sin. \tfrac{1}{2}(A + B)}{\sin. \tfrac{1}{2}(A - B)} \cdot \text{tang.} \tfrac{1}{2}(a - b).$$

2ᵉ Méthode, par les angles auxiliaires.

$$\cos. C = \frac{\cos. b \sin. (a + \varphi)}{\sin. \varphi} \quad \text{avec} \quad \text{ctg.} \varphi \text{ tang. } \cos. c ,$$

$$\operatorname{ctg.} A = \frac{\operatorname{ctg.} c \sin. (b - \psi)}{\sin. \psi} \qquad \operatorname{ctg.} \psi = \frac{\operatorname{ctg.} a}{\cos. C}$$

$$\operatorname{ctg.} B = \frac{\operatorname{ctg.} c \sin. (a - \chi)}{\sin. \chi} \qquad \operatorname{ctg.} \chi = \frac{\operatorname{ctg.} b}{\cos. C}$$

Ce problème n'admet toujours qu'une seule solution.

4ᵉ CAS. — Étant donnés un côté c et les deux angles adjacents A et B, calculer l'angle C et les deux côtés a et b. On a :

1ʳᵉ Méthode, par les analogies de Néper.

$$\operatorname{tang.} \tfrac{1}{2}(a + b) = \frac{\cos. \tfrac{1}{2}(A - B)}{\cos. \tfrac{1}{2}(A + B)} . \operatorname{tang.} \tfrac{1}{2} c ,$$

$$\operatorname{tang.} \tfrac{1}{2}(a - b) = \frac{\sin. \tfrac{1}{2}(A - B)}{\sin. \tfrac{1}{2}(A + B)} . \operatorname{tang.} \tfrac{1}{2} c ,$$

$$\operatorname{ctg.} \tfrac{1}{2} C = \frac{\cos. \tfrac{1}{2}(a + b)}{\cos. \tfrac{1}{2}(a - b)} . \operatorname{tang.} \tfrac{1}{2}(A + B),$$

ou $$\operatorname{ctg.} \tfrac{1}{2} C = \frac{\sin. \tfrac{1}{2}(a + b)}{\sin. \tfrac{1}{2}(a - b)} . \operatorname{tang.} \tfrac{1}{2}(A - B).$$

2ᵉ Méthode, par les angles auxiliaires.

$$\cos. C = \frac{\cos. B \sin. (A - \psi)}{\sin. \psi} \qquad \text{avec} \quad \operatorname{ctg.} \psi = \operatorname{tang.} B \cos. C ,$$

$$\operatorname{ctg.} a = \frac{\operatorname{ctg.} c \sin. (B + \psi)}{\sin. \psi} \qquad \operatorname{ctg.} \psi = \frac{\operatorname{ctg.} A}{\cos. c},$$

$$\operatorname{ctg.} b = \frac{\operatorname{ctg.} c \sin. (A + \chi)}{\sin. \chi} \qquad \operatorname{ctg.} \chi = \frac{\operatorname{ctg.} B}{\cos. c}.$$

Ce cas, ainsi que le précédent, offre toujours une seule solution.

5° CAS. — Étant donnés deux angles A et B et le côté a opposé à l'un d'eux, calculer l'angle C et les deux côtés b et c. On a :

1ʳᵉ Méthode, par les analogies de Néper.

$$\tan. \tfrac{1}{2} C = \frac{\tan. \tfrac{1}{2} (a - b) \sin. \tfrac{1}{2} (A + B)}{\sin. \tfrac{1}{2} (A - B)},$$

$$\cot. \tfrac{1}{2} C = \frac{\tan. \tfrac{1}{2} (A - B) \sin. \tfrac{1}{2} (a + b)}{\sin. \tfrac{1}{2} (a - b)},$$

et

$$\sin. b = \frac{\sin. a \sin. B}{\sin. A}.$$

2ᵉ Méthode, par les angles auxiliaires.

$$\sin. (C - \varphi) = \tan. B \cot. A \sin. \varphi, \quad \text{avec } \cot. \varphi = \frac{\cot. a}{\sin. B},$$

$$\sin. (C - \psi) = \frac{\cos. A \sin. \psi}{\cos. B}, \qquad \text{avec } \cot. \psi \; \tan. B \cos. a.$$

$$\sin. b = \frac{\sin. a \sin. B}{\sin. A}.$$

Il peut y avoir deux solutions ; la discussion est identique à celle du 2ᵉ cas. Au reste, on peut ramener le problème à ce dernier, en considérant le triangle polaire.

6ᵉ CAS. Étant donnés les trois angles A, B, C, calculer les trois côtés a, b, c. On a :

$$\tan. \tfrac{1}{2} a = \sqrt{\frac{\sin. S . \sin. (A - S)}{\sin. (B - S) \sin. (C - S)}};$$

$$\tan. \tfrac{1}{2} b = \sqrt{\frac{\sin. S . \sin. (B - S)}{\sin. (A - S) \sin. (C - S)}};$$

$$\text{tg.}\,\tfrac{1}{2}\,c = \sqrt{\dfrac{\sin.\,S\,.\,\sin.\,(C-S)}{\sin.\,(A-S)\,\sin.\,(B-S)}}.$$

Chacune de ces formules répond à la question et de plus est calculable par logarithmes. Ce qui fait que le problème général est entièrement résolu par les différentes relations qui ont été établies ci-dessus.

---

28. Réduction d'un angle au centre de la station.

Rarement, quand on mesure un angle, on peut placer son instrument au point précis, choisi comme centre de station. Ce point, en effet, est en général un clocher ou le sommet d'un tour ou d'un monument quelconque. Alors, pour arriver au but proposé, on a soin de se tenir en un lieu voisin, puis de l'angle observé on déduit l'angle que l'on cherche, en admettant que l'on se soit mis au centre même de la station. Telle est l'opération qu'on appelle réduction d'un angle au centre de la station.

Soient C le centre de la station, O le point duquel on a observé, c'est-à-dire le centre de l'instrument, A et B deux objets ; il faut de l'angle auxiliaire BOA, conclure l'angle cherché BCA. Des deux triangles BIC, AIO, on déduit :

$$B + C = A + O ;$$

d'où

$$C = O + A - B.$$

Si l'on pouvait observer les deux angles A et B l'angle C serait déterminé ; mais, par hypothèse, on ne peut se transporter en ces points ; aussi parvient-on à déterminer cet angle en mesurant les distances OC, BC et CA.

Soient :

$$OC = \Delta, \qquad AC = D, \qquad BC = D',$$

on aura :

$$\sin. A = \frac{\Delta \sin. COA}{D}.$$

L'angle A étant très-petit, on peut, sans erreur sensible remplacer son sinus par $A \sin. 1''$, et il vient alors :

$$A = \frac{\Delta . \sin. COA}{D \sin. 1''}.$$

On aurait d'une manière analogue :

$$B = \frac{\Delta . \sin. COB}{D' \sin. 1''};$$

donc :

$$A - B = \frac{\Delta}{\sin. S''} \left(\frac{\sin. COA}{D} - \frac{\sin. COB}{D'} \right).$$

Pour calculer cette formule par logarithmes, on la divise en deux termes :

$$A - B = \frac{\Delta}{\sin. 1''} \frac{\sin. COA}{D} - \frac{\Delta}{\sin. 1''} . \frac{\sin. COD}{D'}.$$

Au lieu de diviser par $\sin. 1''$, il est plus simple de remplacer le sinus par l'arc, et d'ajouter simplement :

$$\log. \frac{648000''}{\pi} = \log. 1'' = 5, \ldots\ldots$$

Comme l'angle O est mesuré directement, il suffira donc

de déterminer soit l'angle COA, soit l'angle COB, puisque l'on a :

$$COA = COB + O, \qquad \text{ou} \qquad COB = COA - O.$$

Dans ce qui précède, on a supposé les quatre points A, B, C, O dans un même plan horizontal. S'il n'en était pas ainsi, C étant, par exemple, le sommet d'un clocher, on considérerait les quatre points de la figure comme les projections des quatre points de l'espace sur un même plan horizontal. Alors la ligne OC ou Δ s'obtiendra par certaines constructions géométriques selon la forme du monument pris pour centre de station. Mais il faudra avoir soin de réduire les longueurs à l'horizon, ce qui se fera en les multipliant par le cosinus de leur angle d'inclinaison.

---

29. Corriger de l'effet de la réfraction une distance zénithale observée.

On sait qu'un rayon lumineux qui arrive d'un corps céleste décrit, en traversant l'atmosphère terrestre, une trajectoire curviligne, et que c'est suivant la tangente à cette courbe, menée de l'œil de l'observateur, que ce dernier aperçoit l'astre dont il est question.

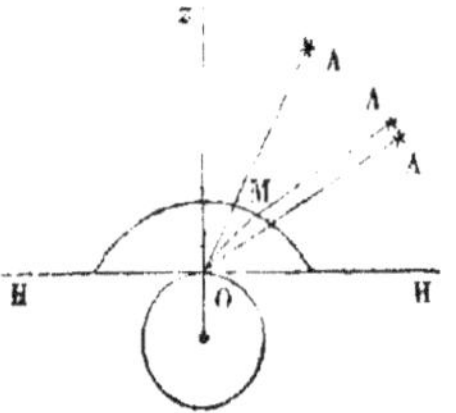

Ainsi A étant la position vraie des corps célestes, MO la trajectoire lumineuse d'un rayon arrivant au point O, le spectateur verra l'astre suivant OA', tandis que, sans la réfraction, il devrait l'apercevoir suivant OA. L'effet de la réfraction est donc d'élever les objets au-dessus de l'horizon, et par conséquent de diminuer leur distance zénithale.

L'angle AOA' porte le nom de réfraction astronomique. Cet angle est d'autant plus grand que l'astre est plus près de l'horizon, car, dans ce cas, le rayon de lumière traversant les couches atmosphériques plus obliquement, sa trajectoire a une courbure plus prononcée : au contraire, plus l'astre est voisin du zénith, plus la couche lumineuse tend à devenir rectiligne ; aussi la réfraction est-elle nulle au zénith et maximum à l'horizon : en ce dernier point elle a pour valeur 33' environ à une hauteur de 45°, elle n'est plus que de 1' : à partir de là jusqu'au zénith elle décroît à peu près de 1″ par degré.

Si donc avec un théodolithe on a pris une distance zénithale, ZOA', cette distance sera trop faible de l'angle de réfraction AOA', et l'on pourra écrire la relation suivante :

dist. zénithale vraie = dist. zénithale apparente + réfraction.

Pour résoudre le problème proposé, on cherchera, dans les tables de réfractions moyennes, celle qui correspond à la distance zénithale observée, et l'ajoutant à cette distance, on obtiendra ainsi la distance zénithale vraie ou corrigée de l'astre.

Si l'on n'avait pas les tables ci-dessus de réfractions moyennes, il suffirait pour avoir la correction demandée, en désignant par z la distance zénithale observée, de substituer cette valeur dans l'équation suivante :

$$R = a\,\text{tg}.z \left\{ 1 + \left(1 + \frac{1}{2\cos.^2 z} \right) a - \frac{D}{\rho}\frac{h}{r}\frac{1}{\cos.^2 z} \right\}.$$

z est la distance zénithale observée.

D la densité du mercure à la température du moment de l'observation.

p la densité de l'air au même instant.

h la hauteur barométrique ramenée à 0.

v la distance du lieu de l'observation au centre de la terre.

a une quantité très-petite déterminée par la relation

$$a = \frac{n^2 - 1}{2n^2},$$

n étant l'indice de réfraction de l'air.

Et la quantité R serait précisément ce qu'il faudrait ajouter à z pour obtenir la distance zénithale corrigée de la réfraction.

La formule qui donne R est due à Laplace; elle a été trouvée à l'aide d'une série de calculs qui ne peuvent être expliqués ici.

Cette formule suppose $z < 8°$.

Si la distance zénithale observée est plus petite que 60 ou 70°, on peut employer la formule plus simple :

$$R = \frac{0{,}000294 \cdot h}{0{,}76(1+\alpha t)} \, \mathrm{tg}. \, z.$$

α est le coefficient de dilatation de l'air $= 0{,}003665$.

---

30. Orientation de la méridienne.

La solution de ce problème revient à déterminer la position du méridien d'un lieu donné. Or la connaissance de la longitude de ce lieu fait exactement connaître sous quel méridien il est situé. Ainsi, la question proposée se résout à l'aide d'un calcul de longitude, facile à effectuer, puisqu'il dépend de la résolution d'un triangle sphérique dont on connaît les trois côtés, savoir : 1° la distance zénithale qui se déduit de la hauteur de l'astre observé ; 2° la distance polaire de ce dernier que donne sa déclinaison, et 3° la colatitude ou le complément en latitude du lieu proposé.

De là, considérant le triangle parallactique APZ, qui a ses trois sommets à l'astre, au zénith et au pôle, on aura :

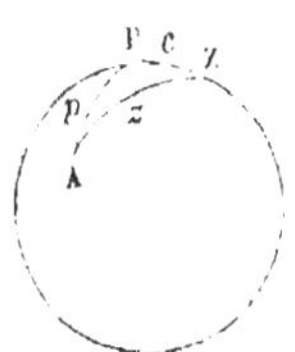

$$PZ = \text{la colatitude} = c,$$
$$AP = \text{la distance polaire} = p,$$
$$AZ = \text{la distance zénithale} = z;$$

d'où la formule :

$$\cos. \frac{P}{2} = \sqrt{\frac{\sin.S \sin(S - z)}{\sin.c \,.\, \sin p}}.$$

En posant :

$$S = \tfrac{1}{2}(c + p + z) - c;$$

cette expression donnera l'angle $\frac{P}{2}$, qui, doublé et converti en temps, en ayant soin d'avoir égard à la position de l'astre ou à l'ouest ou à l'est du méridien, fera connaître l'heure temps vrai du lieu.

Cette heure, ajoutée à l'équation du temps, fournira l'heure temps moyen de ce lieu, qui, par sa différence avec l'heure correspondante temps moyen de Paris, donnée par le chronomètre, fera connaître la longitude cherchée, et par suite fixera complétement la position du méridien du centre d'observation.

Le calcul précédent exige plusieurs corrections essentielles pour être d'une exactitude rigoureuse. On devra d'abord avoir soin de corriger la distance zénithale z des erreurs dues à l'instrument, à la dépression, à la parallaxe, à la réfraction, et enfin au demi-diamètre, si l'astre observé est le soleil, la lune ou une planète quelconque, afin d'opérer avec la distance zénithale vraie de l'astre. Ensuite, pour calculer la déclinaison exacte, et par suite la distance polaire p, il est indispensable de connaître l'heure précise pour laquelle on veut obtenir cet élément. En général, on a une heure approchée du moment de l'observation : mais s'il n'en était pas ainsi, en faisant un premier calcul d'angle horaire avec la déclinaison de l'astre pour midi, on obtiendrait ainsi une heure approchée, avec laquelle recommençant un second calcul on aurait une seconde heure plus approchée, et on continuerait toujours de même jusqu'à ce qu'on arrivât à deux valeurs identiques de l'angle P.

---

31. Détermination de l'équinoxe et de l'obliquité de l'écliptique.

L'écliptique comme grand cercle de la sphère céleste coupe l'équateur suivant un diamètre dont les extrémités ont reçu les noms de points équinoxiaux. Dans cette question on se propose de déterminer la position de l'équinoxe de printemps qui est pris simultanément pour origine des ascensions droites et des longitudes célestes.

Soient S' et S les positions observées au méridien du soleil la veille et le lendemain de son passage de l'hémisphère S^d dans l'hémisphère N^d, QQ' étant l'équateur SP, $S'P'$ représentent les déclinaisons du soleil.

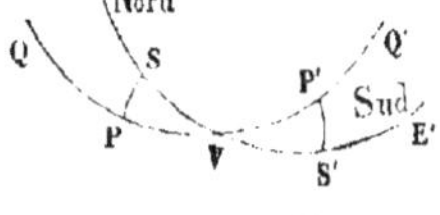

L'observation fait reconnaître que, dans l'intervalle de deux passages consécutifs du soleil au méridien, l'accroissement en ascension droite et en déclinaison de cet astre est à très-peu près proportionnel au temps. D'après cela, si V est la position du point vernal ou équinoxe du printemps qu'il s'agit de déterminer, et que t représente le laps de temps que le soleil a mis à venir de S' en V, celui qui s'est écoulé entre les deux passages en S' et S est égal à 24 heures sidérales, plus un coefficient θ, sensiblement égal à $4'$.

Les deux triangles SVP, S'V'P' étant très petits peuvent, à fort peu près, être considérés comme rectilignes, et donnent les deux proportions suivantes :

$$\frac{VP}{PP'} = \frac{t}{24^{h.s.} + t}, \ (1) \qquad \frac{SP'}{SP + SP'} = \frac{t}{24^{h.s.} + t}; \quad (2)$$

d'où

$$VP = \frac{SP' \times PP'}{SP' + SP}.$$

Le second membre de cette équation étant connu, VP l'est aussi ; par suite, la position du point vernal est déterminée. L'instant précis où le soleil passe en ce point sera donné par la relation ci-dessous, conclue de (1) et de (2) :

$$t = \frac{(24^{h.s.} + t)SP'}{SP + SP'}.$$

L'obliquité de l'écliptique étant l'angle que fait ce plan avec celui de l'équateur céleste est égale à l'angle FVQ : or, si l'on considère le triangle sphérique rectangle SVP, on a :

$$tg.SP = \sin.VP . \log.SVP ;$$

d'où

$$\text{tg}.\omega = \frac{\text{tg}.D}{S\,\text{tg}.\mathcal{R}}, \qquad (3)$$

c'est-à-dire que la tangente de l'angle d'obliquité est égale au rapport de la tangente de la déclinaison du soleil au sinus de son ascension droite.

D et $\mathcal{R}$ sont fournis par l'observation, donc ω ou l'obliquité se trouve déterminée par l'équation (3).

On peut encore calculer d'avance le moment de l'équinoxe en passant par les formules de l'anomalie excentrique qui seront établies dans le n° suivant, quand on connaît le moment du passage du soleil au périgée et la longitude du périgée. Ces deux données peuvent d'ailleurs se déduire au moyen de calculs d'interpolation d'observations faites à six mois d'intervalle, vers le 1er janvier et le 1er juillet.

En effet, θ étant l'anomalie vraie du point équinoxial du printemps, L la longitude du périgée, on a :

$$\theta + L = 360°,$$

θ sera donc connu ; et on en pourra déduire l'anomalie excentrique u par la formule

$$\text{tg}.\tfrac{1}{2}u = \sqrt{\frac{1-e}{1+e}}\,\text{tg}.\tfrac{1}{2}\theta,$$

et l'équation

$$nt = u - e\sin.u$$

donnera le temps t quand on connaîtra u (*Voir* n° 32).

t sera ce qu'il faut ajouter à l'époque τ du passage au périgée pour avoir le moment de l'équinoxe.

32. Calculer la longitude du soleil et sa distance a la terre en passant par l'anomalie excentrique.

La longitude du soleil est l'angle que fait avec la ligne Tr

menée de la terre à l'équinoxe du printemps le rayon vecteur mené de la terre au soleil, cet angle étant compté de l'est à l'ouest. C'est sur la figure, l'angle correspondant à l'arc d'ellipse rAPM.

Cet angle est égal à l'angle correspondant à rAP (longitude du périgée) + PTM (anomalie vraie).

La longitude du périgée varie très-lentement, et sa valeur est donnée par les tables astronomiques ; il suffit donc de déterminer la valeur de l'anomalie vraie, en fonction du temps t qui est donné.

Soit

$$MTP = \theta , \qquad TM = r.$$

L'équation de l'ellipse décrite par le soleil est

$$r = \frac{a\,(1 - e^2)}{1 + e \cos. \theta} ; \qquad (1)$$

a étant le demi-grand axe, e l'excentricité.

Or, d'après la seconde loi de Kléper,

$$\frac{\text{aire TMP}}{\text{aire ellipse}} = \frac{t}{T},$$

T étant la durée de l'année anomalistique.

Soit NOP $= u =$ anomalie excentrique, on a :

$$\frac{\text{aire TMP}}{\text{aire TNP}} = \frac{b}{a} = \sqrt{1 - e^2}.$$

D'ailleurs

$$\text{aire TNP} = \text{aire ONP} - \text{ONT} = \frac{a^2 (u - e \sin.u)}{2},$$

$$\text{aire TMP} = \frac{a^2 \sqrt{1 - e^2}}{2} (u - e \sin.u),$$

$$\text{aire ellipse} = \pi a^2 \sqrt{1 - e^2};$$

donc

$$\frac{u - e \sin.u}{2\pi} = \frac{t}{T};$$

d'où, en posant : $\dfrac{2\pi}{T} = n =$ vitesse angulaire moyenne du soleil :

$$u - e \sin.u = nt. \tag{2}$$

n est supposé exprimé en parties du rayon.

On a en général :

$$v = a - ex;$$

x étant compté à partir du centre, donc, $x = OH = a \cos.u$:

$$v = a (1 - e \cos.u);$$

donc, d'après l'équation (1),

$$1 - e^2 = (1 - e \cos.u) (1 + e \cos.\theta);$$

d'où

$$\cos.u - e = \cos.\theta (1 - e \cos.u);$$

on en déduit :

$$1 - \cos.\theta = \frac{(1 + e) (1 - \cos.u)}{1 - e \cos.u},$$

$$1 + \cos.\theta = \frac{(1 - e) (1 + \cos.u)}{1 - e \cos.u};$$

d'où

$$\operatorname{tg.} \frac{\theta}{2} = \sqrt{\frac{1+e}{1-e}} \operatorname{tg.} \frac{u}{2}.$$

Le temps t étant donné, il s'agit, d'après la question proposée, de déterminer θ et e; pour cela, il faut résoudre l'équation (2). On peut y arriver par la méthode des approximations successives, ou encore par des développements en série.

On a :

$$u = nt + e \sin. u;$$

Remplaçant dans le second nombre u par sa valeur, il vient :

$$u = nt + e \sin. (nt + e \sin. u)$$
$$= nt + e \sin. nt \cos. (e \sin. u) + e \cos. nt . \sin. (e \sin. u).$$

u étant un petit arc, on peut développer en série le sinus et le cosinus. Supposons que l'on s'arrête au deuxième ordre :

$$u = nt + e \sin. nt \left(1 - \frac{e^2 \sin.^2 nt}{2} + \dots \right) + e \cos. nt (e \sin. u \dots).$$

En remplaçant donc la première parenthèse u par nt, nous n'avons commis qu'une erreur du quatrième ordre, qui est négligeable. Substituons dans la seconde à u sa valeur tirée de (2) et développons :

$$u = nt + e \sin. nt - \frac{e^3}{2} \sin.^3 nt +$$
$$+ e^2 \cos. nt \left(\sin. nt \cos. (e \sin. u) + \cos. nt \sin. (e \sin. u) \right) =$$
$$= nt + e \sin. nt - \frac{e^3}{2} \sin.^3 nt + e^2 \cos. nt \sin. nt + e^3 \cos.^2 nt \sin. nt;$$

et, d'après des formules connues,

$$u = nt + e \sin.nt + \frac{1}{2} e^2 \sin.2\,nt + \ldots$$

Connaissant u, on aura facilement θ et v. Si on veut les exprimer directement en fonction de t, on aura :

$$\cos.u = \cos.(nt + e \sin.nt + \ldots)$$
$$= \cos.nt \cos.(e \sin nt + \ldots) - \sin.nt \sin.(e \sin.nt + \ldots)$$
$$= \cos.nt \left\{ 1 - \frac{(e \sin.nt + \ldots)^2}{2} + \ldots \right\} - \sin.nt \left\{ e \sin.nt - \frac{(e \sin.nt)^3}{6} + \ldots \right\}$$

On aura ainsi :

$$v = a \left\{ 1 - e \cos.nt + \frac{e^2}{2} + \frac{e^2}{2} \cos.2nt + \ldots \right\}.$$

Pour θ, on aurait :

$$\cos.\theta = (\cos.u - e)(1 + e \cos.u + e^2 \cos.^2 u + \ldots);$$

d'où
$$\cos.\theta = \cos.nt + Ae + Be^2 + Ce^3 + \ldots$$
$$\sin.\theta = \sqrt{1 - \cos.^2 \theta} = \sin.nt + A'e + B'e^2 + C'e^3 + \ldots$$

Multiplions la 1re équation par $-\sin.nt$, la 2e par $\cos.nt$, on a :

$$\sin.(\theta - nt) = ae + be^2 + ce^3 + \ldots,$$

d'où
$$\theta - nt = ae + be^2 + ce^3 \ldots + \frac{1}{6}(ae + \ldots)^3;$$

enfin
$$\theta = nt + 2e \sin.nt + \frac{5}{4} e^2 \sin.2nt + \ldots$$

33. Calcul de l'équation du temps.

On connaît l'époque τ du passage du soleil au périgée, et
la longitude $\lambda - 360° - EP$ du périgée,
on veut trouver l'équation du temps
pour un jour donné à midi. On connaît
le temps t écoulé depuis le passage au
périgée. La question revient à calculer
la différence d'ascension droite du soleil vrai et du soleil moyen :

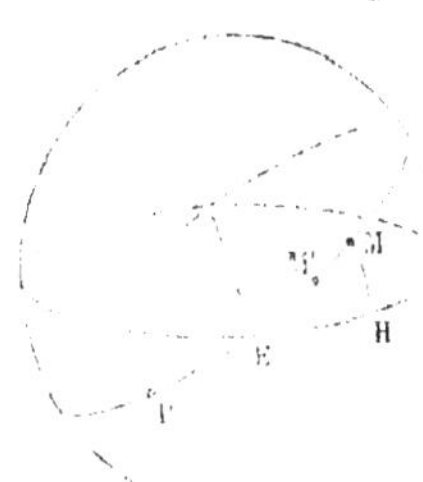

$$PM = \theta = \text{anomalie vraie};$$

on a :

$$(1) \qquad \theta = nt + 2e\sin.nt + \frac{5}{4}e^2\sin.2nt.$$

Soit λ la longitude du soleil moyen.

$$\theta + \lambda + 360° = EM = \text{longit.} \odot \text{vrai} = l;$$
$$EH = \mathcal{R}, \quad \text{tang.}\mathcal{R} = \text{tang.}\,l\cos.\omega,$$
$$PM' = nt, \quad n = 3548'',3,$$
$$EM' = nt + \lambda + 360 = EH',$$
$$\mathcal{R}' = nt + \lambda - 360,$$
$$\mathcal{R} - \mathcal{R}' = \text{équat. du temps.}$$

---

34. Connaissant l'ascension droite et la déclinaison d'un astre, calculer sa longitude et sa latitude ou réciproquement.

Cette question peut être envisagée de deux manières;
si l'on ne tient pas compte de la précision des équinoxes,
elle se résout très-simplement.

Soient A un astre, QQ' l'équateur, EE' l'écliptique, CP sera l'obliquité de l'écliptique, VD l'ascension droite de l'astre, AD sa déclinaison, VL sa longitude et AL sa latitude, ou encore on aura :

$$VD = AR, \qquad AD + D,$$
$$VL = l, \qquad AL = \lambda,$$

et :

$$CP = \omega.$$

1° Du triangle APC on tire :

$$\cos.(90° \pm \lambda) = \cos.\omega \cos (90° \pm D) +$$
$$+ \sin \omega \sin.(90 \pm D) \cos.(90° + AR).$$
$$\operatorname{ctg}.(90° \pm D) \sin.\omega = \cos.\omega . \cos.(90° + AR) +$$
$$+ \sin.(90° + AR) \operatorname{ctg}.(90° - l).$$

Ces deux relations font connaître l et λ.

2° Du même triangle on tire :

$$\cos.(90 \pm D) = \cos.\omega . \cos.(90° \pm \lambda) +$$
$$+ \sin.\omega . \sin.(90° \pm \lambda) \cos.(90° - l).$$
$$\operatorname{ctg}.(90 \pm \lambda) \sin.\omega = \cos.\omega \cos.(90° - l) +$$
$$+ \sin.(90° - l) \operatorname{ctg}.(90° + AR).$$

Ces formules donnent D et R.

Ainsi, à l'aide de ces quatre formules il est aisé de résoudre le problème proposé : il est vrai que les expressions qui fournissent les valeurs des inconnues ne sont pas calculables par logarithmes, mais dans une des questions précédentes on trouvera un moyen très-simple de les rendre aptes au calcul logarithmique.

Mais si l'on veut tenir compte de la précession des équi-

noxes, la question devient plus compliquée. Nous allons en
indiquer la solution dans ce cas.

Si l'axe de la terre avait autour de l'axe de l'écliptique
un mouvement uniforme, les longitudes croîtraient en vertu
de son mouvement de 0,1374 par jour moyen ; la longitude d'une étoile à un moment donné serait donc :

$$l = l_0 + 0''1374\,t,$$

t étant exprimé en jours.

La latitude ne changerait pas sensiblement si l'on consi-
dérait un petit nombre d'années.

La nutation produit une variation plus compliquée.

Soit L la longitude du nœud de la lune à un moment

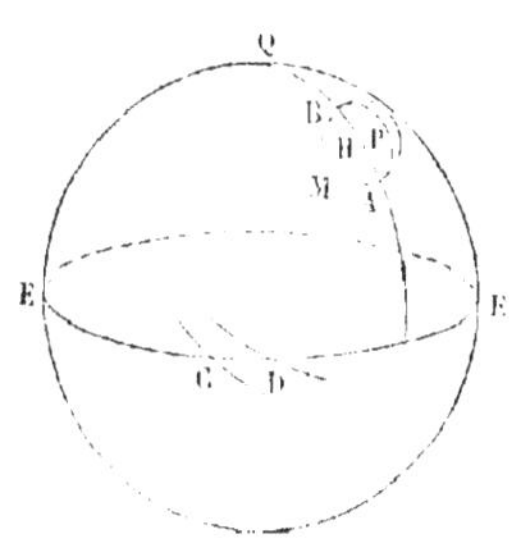

donné ; quand le pôle moyen était
en A, le nœud de la lune coïnci-
dait avec l'équinoxe. La longitude
du nœud moyen de la lune diminue, puisque le nœud rétrograde.
Or, pour varier de 360°, la longitude du nœud de la lune emploie
le même temps que le pôle de la

terre met à décrire le cercle P; donc

$$APM = 360° - L.$$

On sait, d'ailleurs, que les axes de la petite ellipse résultant de la nutation sont :

$$\text{Grand axe} = AB = 19'',3.$$
$$\text{Petit axe} \;\; = E = 14'',4.$$

On a donc :

$$MH = 9'',65 \sin.(360° - L),$$
$$PH = 9'',65 \cos.(360° - L),$$
$$NH = 7'',2 \; \sin.(360° - L).$$

Donc on aura à chaque instant NH si l'on connait la position du nœud moyen de la lune.

Si du *pôle moyen* comme pôle, avec une ouverture de compas égale à un quadrant, on décrit un grand cercle, on a l'*équateur moyen*. Si du *pôle vrai* ou *apparent* (*) on décrit un grand cercle, on a l'*équateur vrai* ou *apparent*; CD est alors la distance de l'*équinoxe apparent* et de l'*équinoxe moyen*.

Or, quand deux grands cercles font un angle infiniment petit et qu'on projette l'un sur l'autre, la différence entre l'axe et sa projection est un infiniment petit du second ordre.

Soit P le pôle moyen, N le pôle vrai, on a :

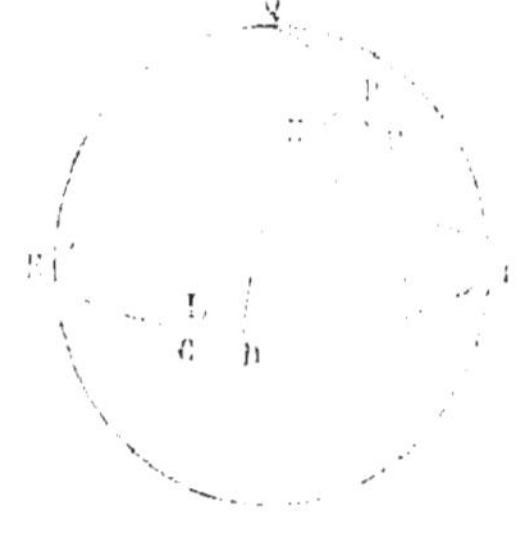

$$CN = 90°.$$

Menons DI perpendiculaire sur CN, NK perpendiculaire sur AP :

$$DK = NI, \quad \text{d'où} \quad KP = CI;$$

or

$$DP = DQ = 90°;$$

donc, D est le pôle de PQ; donc, PQ est perpendiculaire sur DP; donc, KPNH est un rectangle; et :

$$KP = NH = CI = 7'',2 \sin.(360° - L).$$

Il est facile maintenant d'avoir CD.

Soit ω l'obliquité de l'écliptique :

____

(*) On lui donne indifféremment ces deux noms.

$$ICD = 90° - \omega,$$

$$CD = \frac{CI}{\cos.(90° - \omega)} = \frac{7'',2 \sin.(360°-L)}{\sin.\omega}.$$

Donc, selon que l'on comptera la longitude d'une étoile à partir de l'équinoxe apparent ou de l'équinoxe moyen, on aura :

$$l = l_0 + 0'',1374 t,$$

ou

$$l = l_0 + 0'',1374 t + \frac{7'',2 \sin.(360°-L)}{\sin.\omega}.$$

On aurait facilement aussi l'obliquité apparente de l'écliptique QN, PQ étant l'obliquité moyenne :

$$QN - QP = 9'',65 \cos.(360° - L).$$

Connaissant la longitude et la latitude, on aura facilement l'ascension droite et la déclinaison :

$$\sin.D = \cos.\omega \sin.\lambda + \sin.\omega \cos.\lambda \sin.l,$$

$$\text{tg}.\lambda \sin.\omega = \cos.\omega \sin.l - \cos.l \, \text{tg}.R ;$$

d'où

$$\text{tg}.R = \frac{\cos.\omega \sin.l - \sin.\omega \, \text{tg}.\lambda}{\cos.l}.$$

Soit δl la variation de longitude depuis une certaine époque, $\delta \omega$ la quantité à ajouter à l'obliquité moyenne pour avoir l'obliquité apparente. On trouve dans les tables astronomiques la longitude et la latitude rapportées à l'équinoxe moyen du moment de la table ; il faut établir des formules qui donnent l'ascension droite et la déclinaison par rapport à l'équinoxe apparent à une époque donnée.

Il faut, dans les formules précédentes, changer ω et λ en $\omega + \delta\omega$, $\lambda + \delta\lambda$; nous aurons; en négligeant la seconde puissance de δ:

$$\frac{\delta\mathcal{R}}{\cos.^2\mathcal{R}} = \delta\omega \frac{\sin.\omega \sin.l + \cos.\omega \operatorname{tg}.\lambda}{\cos.l} + \delta l \left(\frac{\cos.\omega}{\cos.^2 l} - \frac{\sin.\omega \operatorname{tg}.\lambda \sin.l}{\cos.^2 l} \right)$$

$$\cos.D \cdot \delta D = \delta\omega (\cos.\omega \cos.\lambda \sin.l - \sin.\omega \sin.\lambda) + \sin.\omega \cos.\lambda \cos.l \, \delta l.$$

On peut simplifier ces formules; on a en effet :

$$\delta\mathcal{R} = -\delta\omega \frac{\cos.^2\mathcal{R} \sin.D}{\cos.\lambda \cos.l} + \delta l \frac{\cos.^2\mathcal{R}(\cos.\omega - \sin.\omega \operatorname{tg}.\lambda \sin.l)}{\cos.^2 l}$$

$$\delta D = \delta\omega \frac{\operatorname{tg}.\mathcal{R} \cos.\lambda \cos.l}{\cos.D} + \frac{\sin.\omega \cos.\lambda \cos.l}{\cos.D} \delta l ;$$

or

$$\frac{\cos.\mathcal{R}}{\cos.l} = \frac{\cos.D}{\cos.\lambda}.$$

On a donc enfin :

$$\delta D = \delta\omega \sin.\mathcal{R} + \sin.\omega \cos.\mathcal{R} \, dl$$

$$\delta\mathcal{R} = -\delta\omega \cos.\mathcal{R} \operatorname{tg}.D + \delta l (\cos.\omega + \sin.\omega \operatorname{tg}.D \operatorname{tg}.\mathcal{R}).$$

La valeur de $\delta\mathcal{R}$ contient encore la longitude. Or le triangle PQM donne les deux équations :

$$\operatorname{cotg}.\omega \cos.\lambda = \sin.\lambda \sin.l + \cos.l \operatorname{cotg}.M ,$$

$$\operatorname{cotg}.\omega \cos.D = -\sin.D \sin.\mathcal{R} + \cos.\mathcal{R} \operatorname{cotg}.M ;$$

d'où en égalant les valeurs de cotg. M et multipliant par sin. ω :

$$\frac{\cos.\omega \cos.\lambda - \sin.\lambda \sin.l \sin.\omega}{\cos.l} = \frac{\cos.\omega \cos.D + \sin.\omega \sin.D \sin.\mathcal{R}}{\cos.\mathcal{R}} ;$$

d'où

$$\frac{\cos.\omega - \sin.\omega\,\mathrm{tg}.\lambda\,\sin.l}{\cos.l} = \frac{\cos.\omega\,\cos.D + \sin.\omega\,\sin.D\,\sin.\mathcal{R}}{\cos.\mathcal{R}\,\cos.\lambda};$$

portant la valeur du premier membre dans le second terme de δR, celui-ci devient :

$$\delta R = -\delta\omega\cos.\mathcal{R}\,\mathrm{tg}.D + \frac{\delta l\cos.^2\lambda(\cos.\omega\cos.D + \sin.\omega\sin.D\sin.\mathcal{R})}{\cos.\lambda\cos.\lambda\cos.l}$$

$$= -\delta\omega\cos.\mathcal{R}\,\mathrm{tg}.D + \delta l(\cos.\omega + \sin.\omega\,\mathrm{tg}.D\,\sin.\mathcal{R}).$$

Si l'on a égard à la variation de l'obliquité de l'écliptique, la latitude éprouve un petit changement facile à prévenir; car l'écliptique tourne à peu près autour de la ligne des équinoxes.

On pourra prendre sensiblement RS pour l'accroissement de la latitude.

Soit ε l'angle dont l'écliptique a tourné; on peut con-fondre RS avec un petit arc de parallèle décrit au point A comme pôle, et on a :

$$\varepsilon\sin.l = \delta\lambda.$$

D'ailleurs $l = 0'',48t$, t étant exprimé en années.

Si l'on voulait tenir compte de la même variation dans les expressions de δD et δR, il faudrait introduire $\lambda + \delta\lambda$ à la place de δD et δR dans les équations précédentes, et voir les changements qui en résultent : on a :

$$\mathrm{tg}.\mathcal{R} = \frac{\cos.\omega\sin.l - \sin.\omega\,\mathrm{tg}.\lambda}{\cos.l} - \frac{\sin.\omega\,\mathrm{tg}.l}{\cos.^2\lambda}\varepsilon$$

$$\sin.D = \cos.\omega\sin.\lambda + \sin.\omega\cos.\lambda\sin.l + {}$$
$$+ (\cos.\omega\cos.\lambda - \sin.\omega\sin.\lambda\sin.l)\varepsilon\sin.l.$$

On voit qu'alors il y entre la latitude et la longitude.

Il y a encore une autre cause qui fait varier la longitude des étoiles, c'est l'aberration.

Prenons pour plans des ZX le plan passant par l'étoile, et pour plan des XY le plan de l'écliptique, OH étant la direction de l'équinoxe.

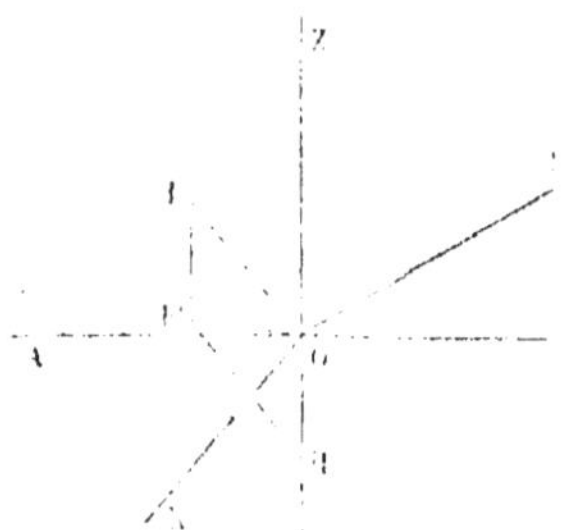

Soit AOX $= l =$ longitude moyenne de l'étoile.

Soit EOS $= \lambda =$ latitude moyenne de l'étoile.

Soit EOY $= 90°$.

Soient x et y les changements de longitude et latitude dus à l'aberration.

Le centre de la terre étant en O, un observateur placé dans le soleil en S la voit se déplacer dans le sens du mouvement direct perpendiculairement à OS.

AOS $=$ L $=$ longitude du soleil.

$$\text{AOH} = \text{L} - 90°, \qquad \text{XOH} = \text{L} - l - 90°.$$

Portons une longueur OH égale à la vitesse de la terre et en sens inverse, et une longueur OE égale à la vitesse de la lumière, et achevons le parallélogramme. Soit :

$$\text{OH} = v, \qquad \text{OE} = u, \qquad \text{OE}' = \text{V}.$$

On a pour les projections de V sur les trois axes :

$$\text{V} \cos.(\lambda + y)\cos.x ,$$
$$\text{V} \cos.(\lambda + y)\sin.x ,$$
$$\text{V} \sin.(\lambda + y).$$

Les projections de u sont :

$$u \cos.\lambda$$
$$u \sin.\lambda$$
$$0$$

Les projections de v :
$$v \sin.(L - l)$$
$$- v \cos.(L - l)$$
$$0$$

On aura donc :
$$V \cos.(\lambda + y)\cos.x = u \cos.\lambda + v \sin.(L - l) ,$$
$$V \cos.(\lambda + y)\sin.x = - v \cos.(L - l) ,$$
$$V \sin.(\lambda + y) \qquad = u \sin.\lambda ;$$

Équations qui donneront V, x, y.

Mais ces angles étant très-petits, on peut écrire :
$$V \cos.(\lambda + y) = u \cos.\lambda + v \sin.(L - l) ,$$
$$V \cos.(\lambda + y)x = - v \cos.(L - l) ;$$

d'où
$$x = - \frac{v \cos.(L - l)}{u \cos.\lambda + v \sin.(L - l)}.$$

Mais si λ n'est pas très-voisin de $90°$, on peut, par rapport au terme en u, négliger les termes en v, et on a :
$$x = - \frac{v \cos.(L - l)}{u \cos.\lambda} ,$$

On aurait aussi facilement :
$$\operatorname{tg}.(\lambda + y) = \frac{u \sin.\lambda}{u \cos.\lambda + v \sin.(L - l)} ,$$
$$\operatorname{tg}.\lambda + \frac{y}{\cos.^2\lambda} = \frac{\operatorname{tg}.\lambda}{1 + \frac{v}{u} . \sin.\frac{(L - l)}{\cos.\lambda}} = \operatorname{tg}.\lambda \left(1 - \frac{v}{u} \frac{\sin.(L - l)}{\cos.\lambda} \right) ;$$

d'où enfin :
$$y = - \frac{v}{u} \sin.\lambda \cos.(L - l).$$

Telles sont les variations de longitude et de latitude de l'étoile résultant de l'aberration. On a :

$$\frac{v}{u} = 20'',45 \, ;$$

les formules deviennent donc :

$$x = -20'',45 \, \frac{\cos.(L - l)}{\sin.\lambda},$$

$$y = -20'',45 \sin.\lambda \cos.(L - l).$$

Si l'on voulait, connaissant la longitude et la latitude apparentes, obtenir la longitude et la latitude moyennes, on prendrait pour l et λ les valeurs approchées qui sont connues, ce qui est permis en raison de la faiblesse des corrections.

Si l'étoile était très-voisine du pôle, il faudrait calculer directement par les formules primitives $l + x$ et $\lambda + y$.

---

35. Connaissant pour l'époque d'une éclipse de lune les coordonnées de cet astre, celles du soleil et leurs mouvements horaires, calculer le temps précis des phases.

On peut toujours trouver dans la connaissance des Temps pour une époque t_0 :

Le diamètre apparent de la lune. . . . . δ.

Le diamètre du cercle d'ombre. . . . . Δ.

La longitude de la lune. . . . . l.

Son mouvement en longitude. . . . . m.

La longitude de l'ombre ($=$ celle du soleil $+ 180°$). l_1.

Le mouvement de l'ombre en longitude. . . . . m_1.

La latitude de la lune. . . . . λ.

Son mouvement en latitude. . . . . μ.

Tout est supposé exprimé en secondes.

Soit t le temps en heures à partir de l'époque donnée par la connaissance des Temps.

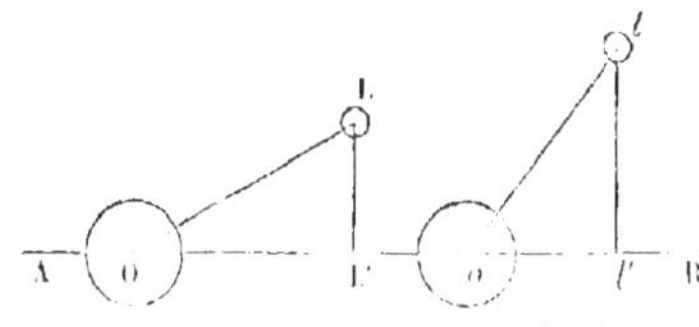

Soit AB l'écliptique, O le cercle d'ombre, L la position de la lune à l'époque t, o, l la position du cercle d'ombre et de la lune à l'époque t_0.

$$Ol' = l_1 - l, \quad Oo = m_1 t, \quad Ll' = mt,$$
$$OL' = Oo - oL' = Oo - Ll' + ol' = (m - m_1)t + l_1 - l,$$
$$LL' = \lambda + \mu t.$$

Soit :

$$OL = z ;$$
$$z^2 = \{l_1 - l + (m - m_1)t\}^2 + (\lambda + \mu t)^2$$
$$= at^2 - 2bt + c.$$

En posant :

$$a = (m - m_1)^2 + \mu^2,$$
$$b = (m - m_1)(l_1 - l) - \mu\lambda,$$
$$c = (l_1 - l) - \lambda^2.$$

Pour faciliter le calcul par logarithmes, on pose :

$$\mu = h \sin.\varphi \qquad \text{tg.}\varphi = \frac{m_1 - m}{\mu}$$
$$m - m_1 = h \cos.\varphi$$
$$\lambda = h \sin.\psi$$
$$l_1 - l = k \cos.\psi \qquad \text{tg.}\psi = \frac{\lambda}{l_1 - l}.$$

On n'aura besoin que des logarithmes de h et k. On aura :

$$a = h^2,$$
$$b = hk \cos.(\varphi + \psi),$$
$$c = k^2.$$

On a l'époque du milieu de l'éclipse, quand τ est minimum :

$$2at - 2b = 0, \qquad t = \frac{b}{a}.$$

Pour savoir s'il y aura éclipse, il faut chercher la distance des centres :

$$z^2 = \frac{b^2}{a} - \frac{2b^2}{a} + c = c - \frac{b^2}{a},$$

ce qui doit être plus petit que la somme des rayons :

$$c - \frac{b^2}{a} < \frac{(\Delta + \delta)^2}{4}.$$

Pour que l'éclipse soit totale, il faut que la distance des centres soit plus petite que les différences des rayons :

$$c - \frac{b^2}{a} < \frac{(\Delta - \delta)^2}{4}.$$

Dans le cas de l'éclipse partielle, pour connaître le nombre de doigts de l'éclipse, il faut chercher la partie du disque cachée par le cercle d'ombre :

$$c - \frac{b^2}{a} = K^2 - K^2 \cos.^2(\varphi + \psi) = K^2 \sin.^2(\varphi + \psi),$$

$$\sqrt{c - \frac{b^2}{a}} = K \sin.(\varphi + \psi).$$

Les conditions deviennent donc :

$$K \sin. (\varphi + \psi) < \frac{\Delta + \delta}{2},$$

$$K \sin. (\varphi + \psi) < \frac{\Delta - \delta}{2}.$$

$$OL = \sqrt{c - \frac{b^2}{a}}, \quad CA = OC - OA, \quad OA = OL - AL,$$

$$CA = OC - OL + AL = \frac{\Delta + \delta}{2} - \sqrt{c - \frac{b^2}{a}},$$

$$\text{Nombre de doigts} = 12 \cdot \frac{\dfrac{\Delta + \delta}{2} - \sqrt{c - \dfrac{b^2}{a}}}{\delta}.$$

L'éclipse commence quand la distance des centres est égale à la somme des rayons :

$$z = \frac{\Delta + \delta}{2}.$$

En substituant et résolvant, on a :

$$t = \frac{b \pm \sqrt{b^2 - a\left(c - \dfrac{(\Delta + \delta)^2}{4}\right)}}{a}.$$

La première valeur répond au commencement, la seconde à la fin de l'éclipse.

En remplaçant $\dfrac{\Delta + \delta}{2}$ par $\dfrac{\Delta - \delta}{2}$, on a le moment où l'éclipse commence à être totale, et celui où elle finit :

$$t = \frac{b \pm \sqrt{b^2 - a\left(c - \dfrac{(\Delta - \delta)^2}{4}\right)}}{a};$$

Ces formules peuvent s'écrire :

$$t = \frac{b \pm \sqrt{a\frac{(\Delta + \delta)^2}{4} - h^2 k^2 \sin^2(\varphi + \psi)}}{a},$$

$$t = \frac{b \pm \sqrt{a\frac{(\Delta - \delta)^2}{4} - h^2 k^2 \sin^2(\varphi + \psi)}}{a}.$$

Cette formule indiquera par elle-même si l'éclipse est possible ou non, si elle est totale ou non.

On aura l'entrée dans la pénombre, et la sortie en remplaçant Δ par le diamètre de la pénombre.

L'époque de l'opposition s'obtiendra en posant :

$$l + mt = l_1 + m_1 t,$$
$$t = \frac{l - l_1}{m - m_1}.$$

36. Passer de la position héliocentrique d'une planète a sa position géocentrique.

On nomme lieu héliocentrique d'une planète la position de cet astre, vu du soleil, et par opposition, lieu géocentrique, sa situation par rapport à la terre.

De ces définitions, il découle que la différence qui existe entre les lieux héliocentriques et géocentriques d'une planète est simplement un changement parallactique de position apparente qui provient du mouvement de la terre dans son orbite. Si, comme les étoiles, les planètes étaient à des distances infinies de notre globe, le mouvement orbital de la sphère terrestre serait insensible par rapport à elles, et elles sembleraient être à leur lieu héliocentrique.

Mais il n'en est pas ainsi, et on conclut de ce qui précède que l'éloignement de la terre du centre du système planétaire et son mouvement de translation autour du soleil sont les deux causes qui produisent la différence entre les positions héliocentriques et géocentriques d'une planète.

On appelle latitude et longitude géocentriques d'une planète, les angles que le rayon vecteur, mené de la terre à la planète, fait avec l'écliptique et que sa projection sur ce plan fait avec la ligne des équinoxes: de même on nomme coordonnées héliocentriques d'une planète les éléments analogues par rapport au soleil. Le problème ci-dessus consiste donc dans une simple transformation de coordonnées.

Le problème, considéré dans toute sa généralité, consiste à déterminer la position apparente d'une planète dont on connaît les éléments elliptiques :

1° On cherche la position de la planète sur son orbite même; pour cela, on détermine par le problème de Képler la valeur de r et de θ à un moment donné ;

2° On projette alors la planète sur l'écliptique.

Soit :

$l =$ longitude héliocentrique $= \mathrm{rS}\Omega$

$\lambda =$ latitude héliocentrique $= \mathrm{PS}\Omega$

$\alpha =$ longitude du nœud $= \mathrm{AS}\Upsilon$

on a :

$$\sin.\lambda = \sin.\theta \sin.i,$$
$$\cos.i = \mathrm{tang}.(l - \alpha) \, \mathrm{ctg}.\theta ;$$

d'où

$$\mathrm{tang}.(l - \alpha) = \mathrm{tang}.\theta \cos.i.$$

Posons :

$$l - \alpha = \theta + x,$$

$$\text{tg.}(\theta + x) - \text{tg.}\theta = - \text{tg.}\theta\,(1 - \cos.i) = - 2\,\text{tg.}\theta \sin.^2 \tfrac{1}{2}\,i,$$

$$\frac{\sin.x}{\cos.\theta \cos.(\theta + x)} = - 2\,\text{tg.}\sin.\tfrac{1}{2}\,i.$$

x étant très-petit, on remplace $\theta + x$ par θ :

$$\sin.x = - \sin.2\theta.\sin.^2 \frac{i}{2},$$

ou

$$\text{tg.}x = - \sin.2\theta\,\text{tg.}^2 \frac{i}{2};$$

Ayant ainsi déterminé la longitude et la latitude héliocentriques, il faudra passer à la longitude et à la latitude géocentriques.

Soit S la position du soleil et T celle de la terre sur l'écliptique, P celle de la planète, SE est la direction de la ligne des équinoxes, ST le rayon vecteur mené du soleil à la terre, SP, TP les rayons vecteurs menés du soleil et de la terre à la planète, p est la projection de la planète sur l'écliptique, enfin SQ est perpendiculaire à ST dans le plan de l'écliptique.

Les tables donnent pour chaque jour :

$l_1 =$ longitude héliocentrique de la terre;

$r_1 =$ distance du soleil à la terre.

On connaît :

$r, l, \lambda,$ coordonnées héliocentriques de la planète,

r_1, l_1 coordonnées héliocentriques de la terre,

On veut déterminer :

$r'\ l'\ \lambda'$ coordonnées géocentriques de la planète;

Projetons sur ST, la ligne Sp et la ligne brisée SPp :

$$SQ = r \cos. \lambda.$$

Donc, les projections étant égales :

$$r \cos. \lambda \sin. (l - l_1) = r_1 + r' \cos. \lambda' \sin. (l - l_1),$$

projetons également sur SQ :

$$r \cos. \lambda \sin. (l - l_1) = r' \cos. \lambda \sin. (l - l_1),$$

On a d'ailleurs :

$$r \sin. \lambda = r' \sin. \lambda'.$$

On a dans les trois équations :

(1) $\quad r' \cos. \lambda' \cos. (l' - l_1) = r \cos. \lambda \cos. (l - l_1) - r_1.$

(2) $\quad r' \cos. \lambda' \sin. (l' - l_1) = r \cos. \lambda \sin. (l - l_1).$

(3) $\quad r \sin. \lambda' = r \sin. \lambda ;$

d'où :
$$\tan. (l' - l_1) = \frac{r \cos. \lambda \sin. (l - l_1)}{r \cos. \lambda \cos. (l - l_1) - r_1},$$

ou :
$$\tan. (l' - l_1) = \frac{\tan. (l - l_1)}{1 - \dfrac{r_1}{r \cos. \lambda \cos. (l - l_1)}}.$$

On a aussi :

(5) $\quad \log. (r' \sin. \lambda') = \log. r + \log. \sin. \lambda$, quantité connue.

(6) $\quad \log. (r' \cos. \lambda') = \log. r + \log. \sin. (l - l_1) - \log. \sin. (l' - l)$,

$$\text{quantité aussi connue.}$$

On aura donc :

diff. (5) et (6) $= \log. \tan. \lambda' = \log. (r' \sin. \lambda') - \log. (r' \cos. \lambda')$,

on aura ensuite :

$$r = \frac{r \sin. \lambda}{\sin. \lambda'}.$$

Au moyen d'un triangle sphérique, on passerait de là à l'ascension droite et à la déclinaison.

8

37. Détermination de l'heure et de la latitude en mer.

Déterminer l'heure temps vrai ou temps moyen à un instant donné, c'est obtenir l'intervalle de temps écoulé entre cet instant et le dernier passage au méridien du soleil vrai ou moyen. Pour résoudre le problème proposé, on suppose que dans un lieu déterminé par la latitude et la longitude, on ait observé la hauteur d'un astre quelconque à un moment donné. Si l'on a une heure approchée, on calculera aisément avec cet élément la déclinaison de l'astre observé; par suite, dans le triangle parallactique, on connaîtra les trois côtés, savoir: la colatitude, la distance zénithale de l'astre et la distance polaire.

Dans le triangle APZ on aura. pour l'angle horaire P, la valeur :

$$\cos. z = \cos. c \cos p + \sin. c \sin. p \cos P;$$

d'où :

$$\cos. P = \frac{\cos. z - \cos. c \cos. p}{\sin. c \sin. p};$$

et par suite :

$$\cos. \frac{P}{2} = \sqrt{\frac{\sin. S \cdot \sin. (S - z)}{\sin. p \cdot \sin. c}}.$$

Dans cette formule : $p = 90° + $ déclinaison, $z = 90° \pm$ hauteur, $c = 90° - $ latitude, $S = \dfrac{c + p + z}{2}$. Connaissant $\dfrac{P}{2}$, et par suite Ps qui sera l'angle horaire, qu'on devra prendre tel ou supplémentaire, selon que l'astre sera à l'ouest ou à l'est du méridien, circonstance qu'on connaît toujours à l'avance ; cet angle horaire astronomique converti en temps fournira l'heure temps vrai du bord, qui, augmentée de l'équation du temps, donnera l'heure temps moyen de Paris que l'on voulait calculer.

Dans ce qui précède, on a admis comme donnée une heure approchée du bord : s'il n'en était pas ainsi, on prendrait la déclinaison de l'astre pour midi. Avec cette déclinaison fautive, on ferait un premier calcul d'angle horaire, puis avec l'heure obtenue, on calculerait de nouveau la déclinaison de l'astre, puis on recommencerait un second calcul d'heure avec cette nouvelle déclinaison, et on continuerait la même série d'opérations jusqu'à ce qu'on arrivât à deux valeurs identiques de l'angle P.

Dans le cas du soleil deux calculs suffisent, mais pour la lune il en faut au moins cinq, si l'on veut obtenir un résultat exact.

En discutant convenablement la formule qui donne l'angle P, quant aux circonstances favorables d'observation relatives aux quantités variables qui entrent dans sa valeur, on en conclut que deux circonstances seulement restent au choix de l'observateur pour arriver à une heure du bord aussi précise que possible.

Ces circonstances favorables correspondent : 1° au passage de l'astre au 1er vertical ; 2° au cas de l'angle astral droit ; toutefois, il faut que l'observateur et l'astre soient dans un même hémisphère. Outre les deux circonstances favorables qu'on appelle générales, et qui peuvent être toujours choisies pour l'observation, il existe d'autres circonstances particulières qui concourent au succès du calcul, et qui répondent à différentes hypothèses faites sur la déclinaison et la hauteur de l'astre observé. Le cas le plus remarquable est celui du lever et du coucher de l'astre qui répond à une distance zénithale de 90°.

La latitude, de même que l'angle horaire, faisant partie du triangle parallactique, puisque la colatitude est l'un des côtés de ce triangle, on peut déjà remarquer qu'aussitôt que, dans un lieu, on aura déterminé la hauteur d'un astre à une heure connue, la question posée sera résolue.

Il existe plusieurs moyens d'arriver à la solution du problème, mais il suffira ici de donner les plus simples et les plus fréquemment employés.

1° Par la hauteur méridienne d'un astre.

Ce procédé pour déterminer la latitude, qui est le plus simple, conduit tout naturellement à la règle générale suivante: pour obtenir la latitude d'un lieu par la hauteur méridienne d'un astre, il faut faire la somme de la déclinaison de l'astre et de la distance zénithale, ou bien la différence de ces deux éléments, suivant qu'ils seront de mêmes noms ou de noms contraires, puis ensuite donner au résultat la dénomination de la plus grande de ces quantités.

Les astres auxquels on a le plus souvent recours pour ces genres de calculs sont le soleil et la lune, comme étant les plus visibles, quelquefois même, rarement on se sert des planètes et des étoiles.

Il est évident que, dans l'opération, il faudra bien avoir soin de corriger la distance zénithale des erreurs provenant de l'instrument, de la dépression, de la réfraction, de la parallaxe, et enfin du demi-diamètre de l'astre, afin d'opérer avec la distance zénithale vraie du centre de l'astre, ce qui constitue toute l'exactitude du résultat. — Ce mode de calculer la latitude est loin d'être rigoureusement précis : aussi ne doit-on pas pousser trop loin l'exactitude, et se contenter de trouver les secondes à simple vue.

2° Par la hauteur d'un astre à une heure connue.

De l'heure donnée on déduit facilement l'heure correspondante, temps moyen de Paris : puis avec cette heure on calcule la déclinaison de l'astre, ainsi que l'angle horaire, ce qui n'offre aucune difficulté. En sorte que dans le triangle parallactique APZ, on a :

$$\cos. z = \cos. p \cos. c + \sin. p \sin. c \cos. P ;$$

d'où, par des transformations très-simples, indiquées dans un des numéros précédents :

$$\cos. (c - \varphi) = \frac{\cos. z \cdot \cos. \varphi}{\cos. p} \quad \text{et} \quad \tang. \varphi = \tang. p \cdot \cos. P.$$

Telles sont les deux formules qui donnent c, et par suite la latitude demandée.

La précision de calcul tient principalement à l'exactitude de p, c'est-à-dire de la distance polaire ; aussi n'est-elle suffisamment rigoureuse que lorsque p est très-petit. C'est pourquoi on doit toujours, pour observer, choisir le moment le plus rapproché du midi, si l'on veut avoir un résultat très-exact, quand l'astre, comme le soleil, n'a qu'une déclinaison peu considérable.

3° Par les hauteurs de l'étoile polaire.

De même que dans le cas précédent, la distance de l'astre au pôle est très-faible ; on pourrait en conséquence employer la même méthode, mais il est un moyen plus prompt d'arriver au résultat.

En effet, la distance zénithale, dans le cas de la Polaire, diffère très-peu de la colatitude. On peut donc poser :

$$zc = z + x.$$

En prenant $Zl = z$, on a :

$$Pz \text{ ou } c = z + IP.$$

Or le triangle API étant très-petit, peut être sensiblement considéré comme rectiligne.

On a donc alors :

$$IP \text{ ou } x = AP \cos. P = p \cos. P.$$

On voit donc que x sera positif ou négatif, selon que P sera plus petit ou plus grand que 90°.

Ce mode de calculer la latitude est très-simple et très-expéditif, de plus il a le mérite d'être susceptible de toute l'exactitude possible, puisqu'on peut prendre avec la plus grande précision une série de hauteurs de la polaire, à cause de son peu de variation en déclinaison.

Pour déterminer la latitude à la mer, il existe encore d'autres procédés plus compliqués, soit par les hauteurs circumméridiennes, soit par deux distances et l'intervalle, soit enfin par les hauteurs simultanées de deux astres. Mais les méthodes exposées ci-dessus sont les plus spécialement employées ; aussi ne s'occupera-t-on pas de celles que l'on vient d'indiquer.

38. Connaissant les longueurs de deux degrés du méridien, calculer l'aplatissement de la terre et la distance du pôle a l'équateur.

En commençant par résoudre la première partie de la question qui consiste dans la détermination du grand axe de la terre et de son excentricité, on a, S et S', étant les longueurs de deux degrés comptés sur le méridien.

$$S = \frac{a\pi}{180}\left(1 - \frac{e^2}{4} - \frac{3}{4}e^2\cos. 2L\right), \qquad (1)$$

$$S' = \frac{a\pi}{180}\left(1 - \frac{e^2}{4} - \frac{3}{4}e^2\cos. 2L'\right). \qquad (2)$$

Dans ces formules a représente le demi grand axe de l'orbite terrestre, e son excentricité, L et L' les latitudes moyennes de S et S'. En divisant membre à membre les équations (1) et (2), il vient :

$$\frac{S'}{S} = \frac{1 - \dfrac{e^2}{4} - \dfrac{3}{4}e^2\cos. 2L}{1 - \dfrac{e^2}{4} - \dfrac{3}{4}e^2\cos. 2L'} ;$$

d'où :

$$e = \frac{2\sqrt{S - S'}}{\sqrt{(S - S') + 3(S\cos. 2L' - S'\cos. 2L)}}.$$

En substituant cette valeur de e dans l'une des équations (1) ou (2), on parvient aux résultats suivants :

$$e = 0^{\text{toises}},077456. \qquad a = 3271366^{\text{toises}}.$$

Mais on sait que l'aplatissement de la terre ω est égal à $\dfrac{a - b}{a}$, b étant le demi petit axe terrestre; ainsi l'on a :

$$\omega = 1 - \frac{b}{a} = 1 - \sqrt{1 - e^2}.$$

Formule qui donne, en négligeant les puissances supérieures de e :

$$\omega = \frac{1}{333}.$$

Passant maintenant à la seconde partie de la question proposée, on voit qu'il suffit de faire dans la formule générale qui exprime la longueur d'un arc de l'ellipsoïde terrestre :

$$S = a \left(1 - \frac{e^2}{4} \right) (L' - L) - \frac{3}{8} ae^2 (S \cos. 2 L' - S' \cos. 2 L),$$

$L = 0$, et $L' = 90°$, et alors on aura pour le quart du méridien ou la distance du pôle à l'équateur :

$$S = a \left(1 - \frac{e^2}{4} \right) 90° = a \left(1 - \frac{e^2}{4} \right) \frac{\pi}{2} = \frac{a\pi}{8} (4 - e^2) = \frac{a\pi}{8} (2 + e) (2 - e),$$

et en remplaçant e par sa valeur déjà trouvée, on a :

$$S = 5,130908^{\text{mètres}}.$$

Comme la longueur du mètre est la dix-millionième partie du quart du méridien terrestre, il s'ensuit que :

$$1^{\text{mètre}} = 0,5130908 = 3^{\text{pieds}} \text{ » }^{\text{pouces}} 11^{\text{lignes}}.$$

FIN.

Paris.—Imprimé par E. Thunot et Ce, 26, rue Racine, près de l'Odéon.

Paris —Imprimé par E. Thunot et Cᵉ, rue Racine, 26.